Der Weg der theoretischen Physik von Newton bis Schrödinger

Von

Hans Thirring
Wien

Wien

Springer-Verlag

1962

ISBN 978-3-211-80621-0 ISBN 978-3-7091-5714-5 (eBook)
DOI 10.1007/978-3-7091-5714-5

Alle Rechte, insbesondere das der Übersetzung
in fremde Sprachen, vorbehalten
Ohne ausdrückliche Genehmigung des Verlages
ist es auch nicht gestattet, dieses Buch oder Teile daraus
auf photomechanischem Wege (Photokopie, Mikrokopie)
oder sonstwie zu vervielfältigen

(Sonderausgabe des in den „Acta Physica Austriaca", 14. Band, Heft 3—4, 1961,
veröffentlichten Beitrages)

Inhaltsverzeichnis

	Seite
1. NEWTON	2
2. HUYGHENS, YOUNG und FRESNEL	3
3. MAXWELL	4
4. BOLTZMANN	6
5. EINSTEIN	9
6. PLANCK und BOHR	13
7. Das Atommodell und die chemischen Valenzen	15
8. SCHRÖDINGER und HEISENBERG	18
9. BROGLIE und die Materiewellen	20
10. Die SCHRÖDINGERgleichung	21
11. Die HEISENBERGsche Unschärferelation	25
12. Der Tunneleffekt und der Alpha-Zerfall	27
13. Die Austauschkräfte und die homöopolaren Bindungen	29
14. Die Nicht-Identifizierbarkeit der Elementarteilchen	32
15. Die neue Physik	33

Zur Würdigung des Werkes von ERWIN SCHRÖDINGER wird in der vorliegenden Arbeit eine knappe Übersicht über die Entwicklung der theoretischen Physik von ihren Anfängen bis zur Begründung der Wellenmechanik gegeben und dabei versucht, die Grenze zwischen ,,klassischer" und ,,moderner" Physik neu abzustecken. Obwohl die spezielle und allgemeine Relativitätstheorie eine Revision unserer Anschauungen über Raum und Zeit erforderte, hat EINSTEINS Werk vom rein physikalischen Standpunkt aus eher die Krönung und Vollendung der klassischen Physik als ihren Umsturz bedeutet. Die eigentliche Revolution der theoretischen Physik setzte mit der Quantentheorie ein, deren erste, großartig schöpferische Phase, die bis 1925 dauerte, noch widerspruchsvoll und anarchisch war, während die mit den Arbeiten von HEISENBERG und SCHRÖDINGER begonnene zweite Phase, die mit der Quantenelektrodynamik ihren vorläufigen Abschluß fand, zu einer konsistenten Theorie der Atomvorgänge außerhalb der Kerne geführt hat. Dieser Erfolg mußte mit einem Verzicht auf eine in klassischem Sinne feldphysikalische Darstellung im vierdimensionalen Raum-Zeit-Kontinuum erkauft werden.

Was der am 4. Januar 1961 verstorbene ERWIN SCHRÖDINGER als Mensch und Forscher seinen Freunden und Kollegen bedeutet hat, versuchte ich in einem Artikel darzustellen, der anläßlich seines sechzigsten Geburtstages in den Acta Physica Austriaca erschien[1]. Dort ist auch auf die bemerkenswerte Vielseitigkeit dieses wunderbaren Geistes hingewiesen worden und einige seiner Leistungen wurden angeführt, die sich nicht nur auf die verschiedensten Zweige der Physik, sondern auch auf andere Gebiete der Naturwissenschaften, ja sogar bis in die Lyrik hinein erstreckten.

Statt all dies noch einmal zu sagen und durch weitere Details zu ergänzen scheint es mir ein würdigerer Abschiedsgruß an den großen Toten zu sein, aus einer ganz breiten Perspektive zu zeigen, wie SCHRÖDINGERS größtes Werk, die Wellenmechanik, zu einer völligen Neugestaltung der theoretischen Behandlung des atomaren Geschehens geführt hat. Jede Wissenschaft ist ja ein Gebäude, das aus unzähligen

---

[1] Acta Physica Austriaca. 1, 105—109 (1947)

Beiträgen vieler Forschergenerationen errichtet wurde, und im Durchschnitt trägt jeder nur ein winziges Steinchen zum Bau des Ganzen bei. Aber manchmal kommt einer, der für sich allein ein ganzes Stockwerk aufsetzt oder einen der alten Trakte abreißt und durch einen neuen ersetzt. DARWIN war so einer auf dem Gebiete der Biologie.

Das in sich viel fester geschlossene Gebäude der Physik ist von einer ganzen Anzahl von Meistern im Laufe mehrerer Jahrhunderte zu seiner heutigen Höhe aufgestockt worden. Den Griechen verdankt man einen erheblichen Teil jener Elementargesetze der Mechanik, die heute den Gegenstand des Mittelschulunterrichtes bilden, wie z. B. das Hebelgesetz und das Archimedische Prinzip. Im Mittelalter wurde im Abendland kaum irgendetwas produziert, das die Weiterentwicklung der Physik hätte maßgeblich beeinflussen können. Aber dann kamen im 16. und 17. Jahrhundert GALILEI und NEWTON, die das Fundament jenes Bauwerks der klassischen Mechanik errichteten, das nicht etwa, wie manche Laien vielleicht glauben, durch die späteren Erkenntnisse zum Einsturz gebracht wurde, sondern in seinem ureigensten Bereich der makroskopischen Körper durchaus unerschüttert dasteht.

1. Newton

Die Geburtsstunde der theoretischen Physik schlug in der zweiten Hälfte des 17. Jahrhunderts (etwa um die Zeit, da die Türken vor Wien standen) als NEWTON die von ihm erfundene Wunderwaffe der Infinitesimalrechnung auf physikalische und astronomische Probleme anzuwenden begann. Er konnte zeigen, daß jene drei Gesetze der Planetenbewegung, die JOHANNES KEPLER durch Auswertung jahrelanger Beobachtungen TYCHO BRAHES auf rein empirischem Wege erschlossen hatte, sich zwangsläufig als mathematische Folgen des Gravitationsgesetzes und der lex secunda seiner Principia ergeben.

Zur Beurteilung der Frage, wie weit NEWTON durch die neuere Entwicklung widerlegt wurde, hat man wohl zu unterscheiden zwischen seinen Betrachtungen erkenntniskritischer Natur über den absoluten Charakter von Raum und Zeit einerseits und den praktischen Rechenvorschriften zur Vorausberechnung des physikalischen Geschehens andererseits. Die ersteren waren schon um die Jahrhundertwende durch ERNST MACH kritisiert worden und später hat dann EINSTEIN teils ganz unabhängig von MACH, teils auch an dessen Kritik anknüpfend das Gebäude der speziellen und allgemeinen Relativitätstheorie entwickelt, in dem Raum und Zeit zum vierdimensionalen Kontinuum der „Welt" zusammengeschmolzen wurden. Gewiß geschah da etwas, wovon GALILEI und NEWTON noch keine Ahnung haben konnten. Aber es zeigt sich, daß die auf soliderer erkenntnistheoretischer Grundlage errichteten Gleichungen der Relativitätsmechanik für alle Geschwindigkeiten, die klein sind gegenüber der Lichtgeschwindigkeit, asymptotisch mit weit mehr als hinreichender Genauigkeit in jene der klassischen Mechanik NEWTONs übergehen. Die Ingenieure und Astronomen können also beruhigt in alle Zukunft für statische Berechnungen und auch für die Behandlung dynamischer Vorgänge makroskopischer Körper bei der Verwendung der seit Jahrhunderten bewährten klassischen Gesetze bleiben. Diese Feststellung, die natürlich jedem Physiker ganz klar sein muß, sei hier nur am Rande gemacht, weil es philosophierende Halblaien gibt, die da meinen, durch die Physik des 20. Jahrhunderts sei jene des 17. so völlig obsolet geworden, wie etwa das magische Denken der Urzeit durch die Naturwissenschaft überhaupt.

2. Huyghens, Young und Fresnel

Die Fruchtbarkeit der klassischen Dynamik, die mit der Zurückführung von himmlischen und irdischen Naturvorgängen auf die gleichen Wurzeln ihren ersten durchschlagenden Erfolg erzielte, hat sich in den darauffolgenden zwei Jahrhunderten auf vielen anderen Gebieten ähnlich großartig bewährt. Hier nur ein Beispiel: Man hat sehr bald die Anwendung der NEWTONschen Prinzipien über die in der Astronomie bewährte „Punktmechanik" hinaus auf die Mechanik der Kontinua ausgedehnt und damit das Gebiet der elastischen Schwingungen im allgemeinen und speziell auch das der Schallvorgänge erschlossen. Im Zusammenhang damit wurde auch die schon von NEWTONS Zeitgenossen HUYGHENS begründete Wellentheorie des Lichtes weiter ausgebaut; man konnte die Erscheinungen der Interferenz und Beugung erklären und etwas später auch die viel komplizierteren Polarisationserscheinungen beim Lichtdurchgang durch anisotrope Körper quantitativ behandeln. AUGUSTE FRESNEL schuf dann zu Beginn des 19. Jahrhunderts seine ganz auf dem Boden der klassischen Mechanik erwachsene, mathematisch überaus reizvolle Theorie der rein physisch ebenso reizvollen farbenprächtigen Polarisationsinterferenzen.

Mit der Wellentheorie des Lichtes waren wieder einige Rätsel der Natur entschleiert und die theoretische Physik konnte den Erfolg für sich buchen, eine Reihe von verwickelten Erscheinungen, die den Vorfahren als wundersame, zunächst unerklärliche und von einander unabhängige Erfahrungstatsachen erscheinen mußten, als logische Folgen jener gleichen fundamentalen Gesetze der NEWTONschen Mechanik zu erklären, mit denen man wenige Generationen vorher das Problem der Bewegung der Himmelskörper gelöst hatte. Allerdings blieb zu FRESNELS Zeiten ein bitterer Wermutstropfen im Freudenbecher. Während man bei der mathematisch fast äquivalenten Wellentheorie des Schalles das schwingende Medium, Luft, Wasser oder Festkörper wohl kannte, greifbar vor Augen hatte und aus seinen meßbaren Eigenschaften wie Dichte und elastische Konstanten die Fortpflanzungsgeschwindigkeit berechnen und in Übereinstimmung mit der Erfahrung feststellen konnte, war es im Falle des Lichtes ganz anders. Man mußte dort mit einem hypothetischen Medium operieren, das recht unglaubwürdige Eigenschaften haben mußte um den hohen Wert der Lichtgeschwindigkeit zu erklären, der bekanntlich rund eine Million mal größer ist als jener der Schallgeschwindigkeit in Luft. Ein materieller Körper, in dem sich elastische Schwingungen mit Lichtgeschwindigkeit fortpflanzen, müßte bei überaus geringer Dichte elastische Eigenschaften haben, die über jene der Reihe Stahl und Diamant noch weit hinausgehen. Dazu müßte er aber noch die damit schwer verträgliche Eigenschaft der völligen Durchdringlichkeit besitzen. Denn wegen der Sichtbarkeit der Sterne müßte er den ganzen Weltraum erfüllen ohne der Bewegung der Himmelskörper den geringsten Widerstand entgegenzusetzen.

3. Maxwell

Die Überwindung dieser Schwierigkeiten gelang in der zweiten Hälfte des 19. Jahrhunderts auf Grund von experimentellen und theoretischen Befunden auf einem ganz anderen Gebiet, das zu NEWTONS Zeiten noch völlig im Dunkeln lag. Aus MAXWELLS Theorie der von FARADAY entdeckten Wechselwirkungen zwischen magnetischen und elektrischen Feldern ergab sich, daß solche Wechselwirkungen auch zu elektromagnetischen Schwingungen führen mußten. Ihre Fortpflanzungsgeschwindigkeit im Vakuum war durch eine in den MAXWELLschen Gleichungen enthaltene Konstante c gegeben, die gleichzeitig auch mit dem Umrechnungsfaktor zwischen elektrostatischen und elektromagnetischen Maßeinheiten zusammenhing. Als Präzisionsmessungen von WEBER zeigten, daß der aus elektrischen und magnetischen Messungen bestimmte Wert von c mit der auf optischem Wege gemessenen Vakuumlichtgeschwindigkeit übereinstimmt, wurde praktisch allen Physikern klar, daß sichtbares Licht nichts anderes sei als elektromagnetische Schwingungen im Frequenzbereich zwischen rund 4×10^{14} und 8×10^{14} Hz. Ein weiterer Beweis dafür konnte in dem von MAXWELL aufgedeckten Zusammenhang zwischen dem optischen Brechungsquotienten und der Dielektrizitätskonstante durchsichtiger Körper erblickt werden und dazu kam schließlich noch zu Ende der Achtzigerjahre die von HEINRICH HERTZ auf rein elektromagnetischem Wege ausgeführte Erzeugung von elektromagnetischen Schwingungen, die die gleichen Interferenz- und Polarisationserscheinungen zeigten wie die Lichtwellen.

Neben der um die gleiche Zeit entstandenen molekular-kinetischen Theorie der Wärme, über die gleich gesprochen werden soll, stellte die MAXWELLsche Lichttheorie wohl den bedeutendsten Fortschritt der theoretischen Physik in der zweiten Hälfte des 19. Jahrhunderts dar. Sie hat zur Vereinheitlichung des physikalischen Weltbilds beigetragen und dazu ihren heuristischen Wert bei der Aufdeckung und Erklärung neuer Phänomene wie unter anderem die Beeinflussung der Spektren durch Einwirkung magnetischer und elektrischer Felder auf die lichtaussendenden Atome (ZEEMAN- und STARK-Effekt) erwiesen.

Für die Physikergeneration von heute mag das System der MAXWELLschen Gleichungen überzeugend klar und bestechend einfach erscheinen. Es sollte aber im Hinblick auf die psychologische Einstellung der Naturforscher zum Entstehen neuer Begriffssysteme in Erinnerung gerufen werden, daß der Übergang von der mechanisch-elastischen Lichttheorie Youngs und Fresnels zu der elektromagnetischen Maxwells mit einem Schritt zunehmender Abstraktion der Naturbeschreibung verbunden ist, der noch bis in unser Jahrhundert hinein manchen Physikern gedankliche Schwierigkeiten bereitet hat. Wer heute an die Beschreibung der elektromagnetischen Vorgänge von vornherein mit Benützung der Maxwellschen Gleichungen (am besten in ihrer invarianten vierdimensionalen Form) herantritt, könnte erwarten, daß die Emanzipation von dem physikalischen Monstrum des Lichtäthers — der durch Maxwell überflüssig wurde und später in der Relativitätstheorie keinen Platz mehr fand — von den Physikern mit Aufatmen hätte begrüßt werden sollen. Tatsächlich haben sich aber relativ viele Experimentalphysiker bis in die Zwischenkriegszeit hinein nur schwer und ungern von der Vorstellung des Lichtäthers trennen können. In den Zwanzigerjahren hatte ich mit einem bekannten Experimentalphysiker, der gerade au dem Gebiet der Erzeugung und Messung elektromagnetischer Wellen Pionierarbeit geleistet hatte, eine Diskussion, in der er mir sagte: „Wenn etwas schwingt, so muß doch etwas existieren, das die Schwingungen ausführt. Und dieses Etwas, das nun sicher existiert, ist eben der Äther." Ich hatte Schwierigkeiten, dem Kollegen klar zu machen, daß dieses Etwas zwar gewiß existiere, aber deswegen nichts Materielles, Substantielles wie ein Stück Gummi oder Stahl zu sein brauche, sondern etwas ganz Abstraktes wie eine Kraft oder Feldstärke. Aber nicht nur das Subjekt des Satzes „es schwingt" ist in der Maxwellschen Theorie etwas Abstraktes, nämlich das Feld; auch die Art der Beschreibung des Schwingungsvorganges selbst ist abstrakter als man es früher darzustellen gewohnt war. Einzelne Physiker haben gegen Ende des vorigen Jahrhunderts viel Zeit und Spekulation darauf verwendet elastische Modelle auszudenken, die solche Schwingungen ausführen und solche Spannungen ergeben, wie es das elektromagnetische Feld tut. Die Vorstellung eines solchen Mechanismus hätte ihrer Ansicht nach das Verständnis für die Vorgänge erleichtert, indem es sie anschaulich macht. Man kann ja auch an einem mit durchsichtigen Wänden versehenen Modell eines Kolbenmotors oder einer Gasturbine das Funktionieren einer solchen Maschine besser verstehen.

Der Theoretiker von heute, der sich mit der Elektrodynamik beschäftigt, braucht keine solchen Krücken der Anschauung mehr, weil ihm die Differentialgleichungen selbst schon eine vollständig ausreichende und jederzeit auch in anschauliche Bilder übersetzbare Beschreibung des Vorganges geben. Natürlich können die beiden Maxwellschen Gleichungstripel, die wir hier der Einfachheit halber nur für das Vakuum aufschreiben, dem Laien gar nichts sagen.

$$\operatorname{rot} \mathfrak{H} = \frac{1}{c} (\dot{\mathfrak{E}} + 4\pi \varrho \mathfrak{v}) \tag{1}$$

$$\operatorname{rot} \mathfrak{E} = \frac{-1}{c} \dot{\mathfrak{H}}. \tag{2}$$

Wer aber mathematisch genügend geschult ist und diese Gleichungen schon einigemale auf einfachere Fälle angewendet hat, der liest aus ihnen das zeitliche und räumliche Ineinandergreifen der beiden Felder direkt heraus, so wie dem gewiegten Musiker die Lektüre einer Partitur allein schon das Werk vor seinen geistigen Ohren erstehen läßt. Hier ein Beispiel für eine Anwendung der MAXWELLschen Gleichungen: Man stelle sich einen Kreisplattenkondensator vor, der in rascher Folge geladen und entladen wird (etwa nach Art der Löschfunkenstrecken bei den ersten Apparaten für drahtlose Telegraphie), so daß die elektrische Feldstärke im Raum zwischen den Platten sich periodisch ändert. Dann lehrt das erste Gleichungstripel der MAXWELLschen Gleichungen unter Benützung des STOKESschen Integralsatzes dem Kundigen so deutlich, daß er es im Geist direkt sehen kann, wie sich ringförmige magnetische Kraftlinien wechselnder Stärke und wechselnden Vorzeichens im gleichen Luftspalt bilden. Man kann sich kaum ein mechanisches Modell vorstellen, das diesen Vorgang so exakt und unverfälscht darstellen würde, und keine Beschreibung in Worten könnte das Ganze mit so wenig Buchstaben vollständig wiedergeben wie die MAXWELLschen Gleichungen, bei deren Anblick BOLTZMANN in seiner temperamentvollen Weise einmal ausgerufen haben soll: ,,War es ein Gott, der diese Zeichen schrieb?" Der Schritt von den körperlich anschaulichen Bildern weg in die mehr abstrakten Vorstellungen von Feldstärken und ihren Differentialgleichungen ist in diesem Falle also zweifellos in der Richtung besserer Denkökonomie gegangen. Es geht da so wie mit der Verwendung des einst als ,,höhere Mathematik" bezeichneten Infinitesimalkalküls überhaupt. Wer sich einmal mit den Begriffen des ersten und zweiten Differentialquotienten, der partiellen Ableitungen und des Integrals, dazu noch mit Skalar und Vektor, Gradient und Divergenz hinreichend vertraut gemacht hat, gewann dadurch die begrifflichen Werkzeuge, mit denen man das physikalische Geschehen leichter, kürzer und exakter beschreiben kann als es die Vor-NEWTONsche Naturforschung tun konnte.

4. Boltzmann

Wie schon erwähnt, kann als die zweite große theoretisch-physikalische Leistung der zweiten Hälfte des 19. Jahrhunderts die Aufstellung der molekularkinetischen Theorie der Wärme angesehen werden. Ihre Wurzeln reichen in den Atomismus der Antike zurück; sehr klar hat es dann ein Herr JOHANN SAMUEL HALLE, Professor an einer preußischen Kadettenschule in einem 1778 in Wien verlegten populärwissenschaftlichen Buch ausgedrückt, in dem er die Stofftheorie der Wärme ablehnte und auseinandersetzte, daß die Wärme nicht aus einer Menge von ,,Feuerteilgen" bestehe, sondern ,,bloß aus einer zitternden Bewegung der kleinsten Theile eines Körpers bestehe, die von einem Körper dem anderen mitgetheilet wird". So richtig zu Ehren kam aber die Theorie erst, nachdem ROBERT MAYER den in der Mechanik schon längst bekannten und verwendeten Satz von der Erhaltung der Energie auf das Gesamtgebiet der Naturvorgänge verallgemeinerte. Von den Sechzigerjahren des 19. Jahrhunderts angefangen haben namentlich MAXWELL, CLAUSIUS und BOLTZMANN die mathematischen Folgerungen aus dem an sich alten Gedanken entwickelt. Ihre Untersuchungen erstreckten sich zunächst auf die Behandlung des der Theorie am leichtesten zugänglichen Gebietes der Gase, so daß zu BOLTZMANNS Zeiten vorwiegend von der „kinetischen Gastheorie" gesprochen wurde. Später wurde die Theorie auch auf Flüssigkeiten und Festkörper ausgedehnt. Der von der kinetischen Wärmetheorie erzielte Fortschritt bestand namentlich in folgenden zwei Punkten:

(a) Aus einfachen und sehr allgemeinen Annahmen über die atomistische Konstitution der Materie, die sich auch auf dem Gebiete der Chemie bewährt hatten, ergaben sich auf rein deduktivem Wege eine Anzahl von Folgerungen hinsichtlich thermischer Erscheinungen, die mit den direkt auf experimentellem Wege gefundenen Sätzen der phänomenologischen Thermodynamik gut übereinstimmen. Beispiele dafür sind die Zustandsgleichung der idealen Gase, ihre Abweichungen in der Nähe des Verflüssigungspunktes (VAN DER WAALS), die spezifischen Wärmen usw.

(b) Die Aufklärung gewisser von vornherein ziemlich paradox erscheinender Erfahrungstatsachen wie z. B. die Druckunabhängigkeit der inneren Reibung der Gase innerhalb eines ziemlich tief hinabreichenden Druckintervalls.

Die Beweiskraft dieser Erfolge ist von jener Schule von Naturforschern bestritten worden, die den Standpunkt vertraten, daß die exakte Wissenschaft sich auf die Beschreibung der tatsächlichen und direkt Beobachtbaren zu beschränken habe. Die strikt phänomenologische Thermodynamik, zu deren prominentesten Vertretern unter anderem ERNST MACH und WILHELM OSTWALD gehörten, war insofern eine reine und exakte Wissenschaft, als sie unter Verzicht auf Hypothesenbildung und Spekulationen ihre Ergebnisse auf logisch mathematischem Wege aus gesicherten Erfahrungstatsachen, wie den beiden Hauptsätzen und den Zustandsgleichungen, herleitete.

Zur Beurteilung der ablehnenden Haltung MACHS gegenüber der Atomphysik muß man noch berücksichtigen, daß bis zum Beginn unseres Jahrhunderts die augenfälligen Beweise für die Existenz von Atomen noch nicht bekannt waren, die sich später aus den radioaktiven Erscheinungen ergaben. Außerdem hat man damals geglaubt, einen direkten Beweis gegen die mechanische Auffassung der Wärme aus dem Widerspruch zwischen der grundsätzlichen Reversibilität der mechanischen und der erfahrungsgemäßen Irreversibilität gewisser thermischer Vorgänge herleiten zu müssen. Über diese Frage war seinerzeit viel geschrieben und gestritten worden und es ist vom Standpunkt der Psychologie des Wissenschafters aus bemerkenswert, wieviel Zeit auf theoretisch tiefschürfende Untersuchungen verwendet wurde, ehe man sich allgemein zu der ganz elementaren Erkenntnis durchrang, daß auch bei mechanischen Systemen gewisse Vorgänge praktisch nur in einer bestimmten Richtung ablaufen, sofern nur die Anzahl ihrer Freiheitsgrade genügend groß ist. Schüttelt man beispielsweise ein weites Gefäß in dem zwei verschiedene Mehlsorten annähernd gleicher Krongröße und Dichte zuerst in getrennten Lagen aufbewahrt sind, lange genug, so tritt allmählich eine völlige Durchmischung ein, während der entgegengesetzte Vorgang einer Entmischung durch Schütteln nie eintreten wird, obwohl jeder mechanische Prozeß bekanntlich bei Umkehrung der Anfangsgeschwindigkeiten in verkehrter Richtung durchlaufen wird. Das bei Prozessen der Wärmeleitung, Diffusion und dergleichen auftretende irreversible Wachstum der Entropie ist also nach BOLTZMANN nichts anderes als der Übergang zu immer wahrscheinlicheren Zuständen, von einer künstlich hergestellten molekularen Ordnung zur natürlichen molekularen Unordnung. Die volle Aufklärung des Problems der Irreversibilität gelang BOLTZMANN mit der statistischen Deutung der Entropie, indem er ihren Zusammenhang mit der Wahrscheinlichkeit eines Zustandes aufdeckte:

$$S = k \log W. \tag{3}$$

BOLTZMANNs Pionierleistung bestand einerseits darin, daß er den Irreversibilitätseinwand endgültig zum Schweigen brachte, und andererseits darin, daß er mit der statistischen Mechanik (zu deren Ausbau namentlich auch der Amerikaner GIBBS bedeutende Beiträge lieferte) das mathematische Instrument schuf, mit dem die Thermodynamik sich weit über ihren rein phänomenologischen Stamm hinaus entwickeln konnte. Insbesondere beruhen auf BOLTZMANNs Betrachtungsweise auch die Gedankengänge MAX PLANCKs, die im Jahre 1900 zur Aufstellung der Quantenhypothese führten. Die allgemeinen Gesetze der statistischen Mechanik, wie z. B. das Gesetz des Äquipartition des Mittelwerts der Energie auf die einzelnen Freiheitsgrade eines Systems mit sehr viel Freiheitsgraden, das Geschwindigkeitsverteilungsgesetz, der Zusammenhang zwischen Entropie und Wahrscheinlichkeit, gelten heute nach wie vor, obwohl die einfachen Vorstellungen über die Wechselwirkungen der Moleküle, aus denen die Pioniere der Theorie, MAXWELL, CLAUSIUS und BOLTZMANN ihre Lehrsätze hergeleitet hatten, nur mehr als erste Approximationen zu betrachten sind und später durch viel detailliertere Bilder abgelöst wurden.

Der Stand der theoretischen Physik um die Jahrhundertwende war der, daß grundsätzlich die Möglichkeit zu bestehen schien, eine vollständige Beschreibung des Naturgeschehens durch Angabe der elektromagnetischen Feldstärke und der Schwerkraft in allen Punkten des dreidimensionalen Raumes und dazu der Koordinaten und Impulse aller darin befindlichen Atome zu geben. Nur die praktische Unmöglichkeit, mit den menschlichen Sinnen und mit der Geschwindigkeit unserer Aufzeichnungsmittel den im Vergleich dazu fast unendlich rasch veränderlichen Konfigurationen der Felder und der in ihnen herumschwirrenden Teilchen nachzukommen, hindert uns an einer Beschreibung dieser Art.

Zu einer solchen Auffassung mußten die Erfolge führen, die man mit der Anwendung und vielfachen Bewährung der NEWTONschen Mechanik, der FARADAY-MAXWELLschen Elektrodynamik und schließlich der mechanischen Wärmelehre erzielt hatte. Mit wenigen Ausnahmen, die man aber bald zu klären hoffte, schienen in den Neunzigerjahren fast alle Rätsel der Physik gelöst zu sein, so daß um diese Zeit dem jungen Physiker MAX PLANCK von einem seiner Lehrer abgeraten wurde, sich der Theorie zu widmen „weil auf diesem Gebiete kaum mehr etwas Neues zu entdecken sei".

5. Einstein

Eines der ungelösten Rätsel, das den Physikern seit den Neunzigerjahren Kopfzerbrechen verursachte, war das Ausbleiben eines Effekts der Erdbewegung auf die Lichtausbreitung. Auch wenn man an Stelle eines hypothetischen Äthers einfach das elektromagnetische Feld setzt, so lag es doch im Wesen jeder Feldtheorie begründet, daß die Wellen unabhängig vom Bewegungszustand ihrer Erregerquelle (der zwar gemäß DOPPLER die Frequenz, nicht aber die Geschwindigkeit beeinflußt) sich in jenem Bezugssystem, für das die MAXWELLschen Gleichungen gelten, nach allen Richtungen mit gleicher Geschwindigkeit ausbreiten (Prinzip der Konstanz der Lichtgeschwindigkeit). Während nun die NEWTONschen Grundgleichungen der Bewegung in allen gleichförmig geradlinig gegeneinander bewegten Bezugssystemen gelten, also gegenüber der „GALILEI-Transformation"

$$x' = x - v t \tag{4}$$

invariant sind, trifft das auf die MAXWELLschen Gleichungen nicht zu. Sie enthalten im Gleichungstripel (1) die Geschwindigkeit v der felderzeugenden Ladungen und in der Gleichung für die elektromotorische Kraft auf eine bewegte Punktladung e

$$\mathfrak{F} = e\left(\mathfrak{E} + \frac{1}{c}[\mathfrak{u}\mathfrak{H}]\right) \tag{5}$$

die Geschwindigkeit $\mathfrak{u}$ der vom Feld beeinflußten Ladung. Ein Übergang auf ein selbst nur gleichförmig geradlinig bewegtes Bezugssystem würde die Werte von v und $\mathfrak{u}$ ändern und damit ein anderes Kraftfeld mit anderen Beschleunigungen liefern. Mit anderen Worten, das System der MAXWELLschen Gleichungen ist nicht GALILEI-invariant und man hätte erwarten müssen, daß die Bewegung der Erde einen Einfluß auf die Ausbreitung der Strahlen einer irdischen Lichtquelle hätte. Diese Erwartung hat sich, wie der wiederholt mit immer größerer Genauigkeit und an verschiedenen Orten der Erde ausgeführte MICHELSON-Versuch zeigte, nicht erfüllt. Es stellte sich heraus, daß das Relativitätsprinzip, wonach die physikalischen Vorgänge von zwei gegeneinander gleichförmig geradlinig bewegten Bezugssystemen aus betrachtet nach den gleichen Gesetzen stattfinden, nicht nur, wie schon NEWTON wußte, für die mechanischen, sondern auch für die elektromagnetischen Vorgänge Gültigkeit zu haben scheint.

An sich hätte diese Tatsache durchaus befriedigend erscheinen können. Die Schwierigkeit bestand nur darin, daß das Relativitätsprinzip bei Festhalten an der herkömmlichen Auffassung von Raum und Zeit in Widerspruch mit dem Prinzip der Konstanz der Lichtgeschwindigkeit stand. Es ergab sich die paradoxe Folgerung, daß z. B. die Geschwindigkeit eines im leeren Raum laufenden Lichtstrahls sowohl von der Erde aus gemessen wie auch für einen die Erdbewegung nicht mitmachenden Beobachter nach allen Richtungen hin den gleichen Wert c haben müßte. Einsteins unsterbliche Leistung bestand nun darin, daß er in seinen Arbeiten von 1905 unbekümmert um die herkömmlichen Vorstellungen von Raum und Zeit ganz konsequent alle Folgerungen zog, die sich aus dem gleichzeitigen Bestehen des Prinzips der Konstanz der Lichtgeschwindigkeit und des Relativitätsprinzips ergaben.

Das Ergebnis ist bekannt: Räumlicher und zeitlicher Abstand zweier Punktereignisse fallen verschieden aus, wenn man sie von zwei gegeneinander gleichförmig geradlinig bewegten Bezugssystemen aus mißt (Lorentz-Kontraktion von Raum und Zeit). Körper, die sich mit einer Geschwindigkeit v gegenüber dem Beobachter bewegen, erscheinen im Verhältnis

$$\sqrt{1 - v^2/c^2} : 1 \qquad (6)$$

verkürzt und in inversem Verhältnis dazu verlängert sich die Periodendauer aller natürlichen periodischen Vorgänge in bewegten Körpern. Insbesondere verlangsamt sich auch der Gang bewegter Uhren. Räumlicher Abstand und Zeitintervall zwischen zwei Punktereignissen verlieren daher ihren absoluten Charakter und werden in ähnlicher Weise von der Bewegung des Bezugssystems abhängig, wie Horizontalabstand und Höhenunterschied zwischen zwei Punkten im dreidimensionalen Raum von der Lage des Bezugssystems abhängen, also anders ausfallen, wenn man sie von einem gegenüber dem ursprünglichen Bezugssystem schief geneigten System aus mißt. Der dreidimensionale Raum und die Zeit für sich verlieren also ihre gegenseitige Unabhängigkeit und verschmelzen in eine einzige vierdimensionale Mannigfaltigkeit R_4, die nach einem von Minkowski geprägten Ausdruck als die „Welt" bezeichnet wird.

In dem gleichen fruchtbaren Jahre des damals 26jährigen Albert Einstein erschien auch seine Arbeit, in der er die wichtigste Folgerung aus seiner Theorie zog. Es handelt sich um das Gesetz

$$E = m c^2 \qquad (7)$$

das besagt, daß jeder Form von Energie auch Trägheit, also Masse zukommt. Schon ein Jahr vorher hatte übrigens der geniale Wiener Physiker Fritz Hasenöhrl, der später Schrödingers Lehrer wurde, dasselbe Gesetz schon für den Spezialfall der Strahlungsenergie hergeleitet, indem er erkannte, daß auch der leere Innenraum eines absolut evakuierten Gefäßes, sofern er nur von elektromagnetischer Strahlung, beispielsweise Wärmestrahlen, durchzogen ist, Trägheit besitzt. Einstein kannte Hasenöhrls Arbeit nicht und hat die Gl. (7) von viel allgemeineren Voraussetzungen ausgehend ganz allgemein für sämtliche Energieformen aufgestellt. Die Gültigkeit der Gl. (7) war lange Zeit hindurch sowohl von Philosophen wie auch von manchen Physikern stark bestritten worden und erst die Existenz der Atombomben scheint die letzten Zweifel beseitigt zu haben.

Ein Jahrzehnt nach der Aufstellung der speziellen Relativitätstheorie gelang es EINSTEIN, eine verallgemeinerte Theorie zu entwerfen, in der die Grundgleichungen nicht nur gegenüber der LORENTZ-Transformation (die nach der Relativitätstheorie den Übergang auf ein gleichförmig geradlinig bewegtes System vermittelt), sondern gegenüber beliebigen Transformationen invariant sind, also auch in gegeneinander beschleunigten Bezugssystemen ihre Gestalt behalten. Dabei erhob EINSTEIN die schon auf GALILEI zurückgehende Erkenntnis der Gleichheit von träger und schwerer Masse zu dem allgemeinen „Äquivalenzprinzip", aus dem unter anderem hervorgeht, daß in einem gleichförmig beschleunigten System sich alle Vorgänge, einschließlich der elektromagnetischen genau so abspielen wie in einem ruhenden, in dem ein homogenes Schwerefeld entsprechender Stärke wirkt.

Die Kombination dieses Gedankens mit den Erkenntnissen der speziellen Relativitätstheorie führte zu der bekannten Folgerung, daß bei Anwesenheit von Gravitationsfeldern das vierdimensionale Raumzeitkontinuum, die MINKOWSKI-Welt, in der sich alle Naturvorgänge abspielen, mathematisch gesprochen nicht ein pseudoeuklidischer, sondern ein allgemeiner RIEMANNscher R_4 sei. In einer zweidimensionalen Mannigfaltigkeit entspräche das dem Übergang von einer Ebene zu einer gekrümmten Fläche, weshalb man kurz von einer durch das Schwerefeld verursachten Raumkrümmung spricht.

Bekanntlich haben sich aus der allgemeinen Relativitätstheorie drei Folgerungen ergeben, die sich durch astronomische Beobachtungen verifizieren lassen: Die Lichtablenkung und die Rotverschiebung der Spektrallinien im Schwerefeld sowie die Perihelverschiebung der Planetenbahnen, die über jenes Maß hinausgeht, das schon nach der NEWTONschen Theorie von den gegenseitigen Störungen der Planeten untereinander erzeugt wird. Alle diese Effekte sind sehr klein, liegen aber gerade noch innerhalb der Grenze des Beobachtbaren. Die Existenz aller drei Effekte ist qualitativ über jeden Zweifel festgestellt; die quantitative Übereinstimmung ließ insbesondere hinsichtlich der Rotverschiebung zu wünschen übrig, weil noch andere Nebeneffekte eine Rolle spielen. In der allerletzten Zeit hat man aber die Rotverschiebung mittels des MÖSSBAUER-Effekts auch durch terrestrische Versuche im Schwerefelde der Erde in guter Übereinstimmung mit der EINSTEINschen Theorie nachweisen können.

Abgesehen von diesen sehr winzigen Effekten ergibt sich aus der allgemeinen Relativitätstheorie auch eine Folgerung von viel tieferer Bedeutung, die geeignet ist, unser Weltbild radikal zu ändern. Wenn der Raum infolge Anwesenheit gravitierender Materie positiv (das heißt entsprechend dem zweidimensionalen Analogon einer Kugelfläche) gekrümmt ist, dann muß mit der Möglichkeit gerechnet werden, daß er zwar natürlich nirgendwo begrenzt, aber dennoch nicht unendlich ist, sondern wie eine Kugelfläche in sich selbst zurückläuft. Ein ständig geradeaus von unserem Milchstraßensystem ins Weltall weglaufender Körper oder auch Lichtstrahl würde daher nach sehr langer Zeit sich nicht beliebig weit vom Ausgangspunkt entfernen, sondern wieder in ihn zurücklaufen. Auch wenn daher der gesamte Weltraum überall mit der gleichen durchschnittlichen Dichte von Sternen besiedelt ist wie innerhalb des Sichtbereiches unserer Spiegelteleskope, würde doch der Gesamtinhalt des Universums eine endliche Zahl von Sternen mit endlicher Gesamtmasse sein.

So sehr die Folgerungen aus der speziellen und allgemeinen Relativitätstheorie auf unsere erkenntniskritischen Vorstellungen von Raum und Zeit revolutionierend gewirkt haben mögen, ist doch vom rein physikalischen Standpunkt aus EINSTEIN eher der grandiose Vollender der klassischen Physik gewesen als ihr Revolutionär. Denn auch in der Relativitätstheorie erfolgt die Beschreibung der Naturvorgänge durch Angabe des Feldes und der im Feld sich bewegenden Körper im vierdimensionalen Kontinuum von Raum und Zeit. Die Beschreibung der physikalischen Vorgänge durch die Feldphysik einschließlich der allgemeinen Relativitätstheorie — und dem bisher noch nicht geglückten Versuch der Aufstellung von Gleichungen, die Schwerefeld und elektromagnetisches Feld gleichzeitig umfassen, — erfolgt grundsätzlich immer so: Mittels der Feldgleichungen kann man aus den Lagen und Bewegungen der das Feld erzeugenden Massen bzw. Ladungen die Feldstärken als Funktionen der vier Koordinaten x, y, z und t berechnen und mittels der Bewegungsgleichungen lassen sich dann die Bewegungen der im Felde vorhandenen Körper ermitteln. Die Aufgabe mag nur für die einfachsten Fälle *praktisch* lösbar sein, wäre aber allgemein *grundsätzlich* lösbar. An der Grundstruktur der Feldphysik, die im R_4 operiert, ändert sich auch prinzipiell nichts, wenn die Bewegungsgleichungen nicht in die klassische NEWTONsche Form gekleidet werden, wonach die Beschleunigung eines Körpers gleich der auf ihn wirkenden Kraft dividiert durch seine Masse ist, sondern so ausgedrückt wird, daß bei Einwirkung eines Schwerefeldes allein die Bahn des Körpers eine geodätische Linie im gekrümmten R_4 sein muß. Alle diese Arten der Betrachtung wären vom heutigen Standpunkt aus noch als klassisch zu betrachten. Zur Klärung der Begriffe mag es zweckmäßig sein zu definieren, wo im Sinne der hier angestellten Betrachtungen die Trennungslinie zwischen klassisch und modern liegt. Wie alle Definitionen ist auch die Festlegung dieser Trennungslinie ein Akt der Willkür, aber es scheint durchaus sinnvoll zu sein, folgende Merkmale als die Kennzeichen einer „klassischen Feldphysik" zu betrachten: In jedem Punkt des Raumes existiert zu jeder Zeit ein bestimmtes durch Vektoren oder Tensoren angebbares Feld, wobei die räumlichen und zeitlichen Veränderungen aller Feldkomponenten durch allgemein gültige Differentialgleichungen miteinander verknüpft sind, die nur die vier Größen x, y, z, und t als unabhängige Variable enthalten. Alle in diesem Feld befindlichen Materieteilchen haben in jedem Zeitpunkt bestimmte Koordinaten, deren Werte sich grundsätzlich (wenn auch nicht praktisch) eindeutig angeben ließen. Diese Kennzeichen gelten für die gesamte Makrophysik von NEWTONS Gravitationstheorie angefangen bis zur allgemeinen Relativitätstheorie. Der völlige Umsturz, der eine Abkehr von der klassischen Feldphysik überhaupt mit sich brachte, erfolgte erst seit der Weiterbildung der Quantentheorie durch SCHRÖDINGER, HEISENBERG, DIRAC und ihre Nachfolger.

6. Planck und Bohr

Der Beginn des Umsturzes liegt noch weiter zurück als die Aufstellung der speziellen Relativitätstheorie. Im Jahre 1900 war es MAX PLANCK gelungen, eine theoretische Formel für die Energieverteilung im Strahlungsspektrum eines schwarzen Körpers aufzustellen, die mit der Erfahrung übereinstimmt. Sie basiert auf der Quantenhypothese, wonach Strahlungsenergie nicht in beliebig kleinen Mengen, sondern nur in ganzzahligen Vielfachen eines Strahlungsquants von der Größe

$$E = h\nu \tag{8}$$

emittiert oder absorbiert wird. Mit dieser Hypothese wurde die rund ein Vierteljahrhundert dauernde erste Phase in der Entwicklung der Quantentheorie eingeleitet, die bald darauf die führende Rolle in der Atomphysik übernahm. Man könnte diese erste Phase als die schöpferisch-revolutionäre, dabei aber anarchische Periode in der Geschichte der theoretischen Physik bezeichnen. In ihrer ersten Halbzeit, 1900 bis 1913, die noch weniger stürmisch verlief, erwies sich schon der heuristische Wert der PLANCKschen Hypothese in einer Reihe von Anwendungen auf Gebiete jenseits des Problems der schwarzen Strahlung, die man hauptsächlich auch wieder EINSTEIN verdankt. EINSTEIN konnte zeigen, daß jene gleiche PLANCKsche Annahme, die zum richtigen Strahlungsgesetz führt, auch andere bisher ungeklärte Phänomene aufzuklären vermochte. Dazu gehört vor allem die Abnahme der spezifischen Wärme fester Körper bei tiefen Temperaturen und ferner die Erscheinung, daß beim lichtelektrischen Effekt die Austrittsgeschwindigkeit der Elektronen nicht von der Intensität, sondern nur von der Farbe des Lichts abhängig ist. EINSTEINs Folgerungen aus der Lichtquantenhypothese (die im übrigen zusätzlich zu seinen davon unabhängigen Arbeiten über Relativitätstheorie einen unsterblichen Beitrag zur Entwicklung der Theorie lieferten) ließen keinen Zweifel mehr an der Quantenstruktur der Strahlung bestehen. Aber andererseits war schon damals zu erkennen, daß die Quantentheorie sehr zum Unterschied gegenüber der MAXWELLschen Theorie des elektromagnetischen Feldes und gegenüber der NEWTONschen und auch der EINSTEINschen Theorie der Gravitation keine in sich konsistente Beschreibung der Naturvorgänge war, sondern — man verzeihe den harten Ausdruck — ein Flickwerk von Hypothesen, die einander teilweise widersprachen

Schon die PLANCKsche Hypothese (8) bildete eine Art Fremdkörper in der Strahlungstheorie, die sich ja aus der MAXWELLschen Elektrodynamik und der BOLTZMANNschen Statistik allein hätte ergeben müssen. Nun zeigte weiters der lichtelektrische Effekt und seine Deutung durch EINSTEIN, daß die Lichtquanten (Photonen) statt sich in Kugelwellen von der Erregerquelle auszubreiten, wie es die MAXWELLsche Theorie forderte, beim Auslösen eines Elektrons aus einer Metalloberfläche ihre gesamte Energie $h\nu$ auf ein einzelnes getroffenes Atom entladen, daß also das Photon wie eine „Nadelstrahlung" oder auch wie ein einzelnes Teilchen von der Energie $h\nu$ und mit dem Impuls $h\nu/c$ wirkt.

Die zweite Halbzeit der ersten Phase wurde durch die bahnbrechenden Arbeiten von NIELS BOHR eingeleitet, dessen Atommodell zu solcher Berühmtheit gelangte, daß das Bild des Kerns mit den umlaufenden elliptischen Elektronenbahnen heute schon eine Art Markenzeichen, ein international bekanntes Symbol für alles geworden ist, das mit der Atomphysik zusammenhängt. Nichts von allem, was man in methodologischer Hinsicht gegen die Widersprüche der damaligen Quantentheorie bemängeln mag, ändert etwas an der Tatsache, daß die Periode von **1913** bis **1925** (trotz dem in diese Epoche fallenden ersten Weltkrieg) eine der glanzvollsten und an Entdeckungen reichsten in der Geschichte der Physik und namentlich der Theorie überhaupt war. Es war als ob den Physikern die Schuppen von den Augen fielen, als sie begannen eine Reihe von Phänomenen aus der Struktur der Atome und auf Grund der zwischen ihnen wirkenden Kräfte zu verstehen. Es begann mit der Entschlüsselung der Linienspektren von Wasserstoff und He$^+$, eine historische Tat, die als würdiges Gegenstück zu der ein Jahrhundert vorher gelungenen Entzifferung der Hieroglyphenschrift durch CHAMPOLLION betrachtet werden kann. Die BOHRsche Quantentheorie der Spektren beruhte im wesentlichen auf zwei sehr einfachen Hypothesen, die ganz lapidar formuliert werden können:

1. Es gibt im Atom gewisse ausgezeichnete Bahnen („Quantenbahnen"), die von den Elektronen stationär ohne Energieverlust, also ohne Aussendung von Strahlung durchlaufen werden. Im Falle des Einelektronensystems (H oder He$^+$) sind sie einfach dadurch gekennzeichnet, daß der Bahndrehimpuls ein ganzzahliges Vielfaches von $\hbar = h/2\pi$ ist. (Die zugehörige ganze Zahl wird als die Quantenzahl der Bahn bezeichnet.)

2. Die Elektronen können Übergänge („Quantensprünge") zwischen den stationären Bahnen ausführen und dabei wird die Energiedifferenz $E_n - E_m$ zwischen den beiden Bahnen in Form einer elektromagnetischen Welle (Lichtquant = Photon) ausgesendet, deren Frequenz gegeben ist durch die der PLANCKschen Hypothese entsprechende Beziehung

$$\nu = (E_n - E_m)/h. \qquad (9)$$

Mit diesen einfachen Annahmen konnten zunächst die Linienspektren der Einelektronensysteme H und He$^+$ berechnet werden, wobei auch ein Zusammenhang zwischen der RYDBERG-Konstanten R und den universellen Konstanten h und c aufgedeckt wurde. Der Siegeszug setzte sich dann mit der Systematik von Spektren anderer Elemente und der Röntgenspektren sowie mit der Aufklärung der Feinstruktur und Hyperfeinstruktur der Spektrallinien und des STARK- und ZEEMAN-Effekts fort. (Es stellte sich dabei heraus, daß das System der möglichen Quantenbahnen durch insgesamt vier ganzzahlige Parameter (Quantenzahlen) gekennzeichnet werden muß.) Dann kam noch die Entschlüsselung der Bandenspektren der Moleküle und weiter das Verständnis für die Valenzeigenschaften der Elemente und für den Mechanismus der heteropolaren Verbindungen. Zu der physikalischen Chemie, die in ihrer klassischen Entwicklungsperiode um die Jahrhundertwende sich hauptsächlich auf die phänomenologische Thermodynamik stützte, kam die neue „chemische Physik", die chemische Vorgänge aus den Eigenschaften des Atombaus und seiner Gesetze zu erklären vermochte und ihre Vorausberechnung gestattete.

Zu Beginn der Zwanzigerjahre wurde dann noch von UHLENBECK und GOUDSMIT zur Erklärung gewisser Feinheiten der Spektren die Hypothese des Elektronenspins aufgestellt, die später auch auf die Kerne und ihre Bestandteile erweitert wurde: Die Rotation der geladenen Teilchen verleiht ihnen sowohl einen mechanischen Drehimpuls (Spin) wie auch ein magnetisches Moment, woraus sich fruchtbare Folgerungen für eine Anzahl von Erscheinungen und insbesondere für die Theorie des Magnetismus überhaupt ergab. Die Krönung der ersten Phase bildete schließlich das von WOLFGANG PAULI aufgestellte Gesetz, wonach innerhalb eines Atoms oder Moleküls niemals zwei oder mehr Bestandteile in Zuständen vorkommen können, die hinsichtlich aller vier Quantenzahlen miteinander übereinstimmen. Dieses „PAULI-Verbot" hat sich als ausgezeichneter Führer zum Verständnis vieler Erscheinungen und insbesondere der thermischen und elektrischen Leitfähigkeit der Metalle und später auch der Halbleiter erwiesen. Dazu brachte es die volle Aufklärung für die Periodizität des Systems der Elemente, die seit ihrer Entdeckung durch MENDELEJEW und LOTHAR MEYER durch rund sechs Jahrzehnte hindurch eines der wundersamsten ungeklärten Rätsel der Natur gewesen war.

7. Das Atommodell und die chemischen Valenzen

Zu den eindrucksvollsten Erfolgen der BOHRschen Theorie gehören auch die Einblicke in das Wesen der Valenzen und der chemischen Bindungen, die wir ihr verdanken. Schon im Jahre 1912, also knapp vor dem Erscheinen von BOHRs ersten Arbeiten war von VAN DEN BROEK die Hypothese aufgestellt worden, daß die Kernladungszahl eines Elementes (die natürlich gleich sein muß der Zahl der Elektronen in der Hülle des neutralen Atoms) gleich der Ordnungszahl des betreffenden Elementes ist. Für die Edelgase ergeben sich dabei die Elektronenzahlen 2, 10, 18, 36, 54, und 86, die sich als die Teilsummen einer Reihe darstellen lassen:

$$2(1^2 + 2^2 + 2^2 + 3^2 + 3^2 + 4^2)$$
He Ne Ar Kr Xe Rn

Man ist dann bald daraufgekommen, daß die Elektronenbahnen bei den höheren Elementen in konzentrischen Schalen mit immer größer werdendem Durchmesser angeordnet sind, wobei jeweils bei den Edelgasen eine Schale zum Abschluß kommt und eine neue Schale bei dem darauffolgenden Alkaliatom angesetzt wird. Es ergab sich weiter ein Zusammenhang dieser Schalen mit den von der Röntgenspektroskopie her bekannten, mit $K, L, M\ldots$ bezeichneten Röntgenserien und daher hat man dann auch die einzelnen Schalen mit den gleichen Buchstaben bezeichnet. Es wird also zum Beispiel beim Helium die K-Schale mit zwei Elektronen zum Abschluß gebracht; das Lithium enthält sodann ein drittes Elektron, das weiter außen auf der beginnenden L-Schale umläuft. Diese L-Schale wiederum wird beim Neon mit der Kernladungszahl $2 + 8 = 10$ zum Abschluß gebracht, die darauffolgende M-Schale beim Argon mit der Kernladung $2 + 8 + 8 = 16$ usw. Gleichzeitig mit einer die Beobachtungen gut wiedergebenden Quantentheorie der Röntgenspektren ergab sich auch zwanglos die Erklärung für das lichtelektrische Verhalten der Alkalimetalle und die geringe Ionisierungsarbeit ihrer Atome. Im Jahr 1916 erschien dann eine sehr wichtige Arbeit von WALTER KOSSEL, die weitergehende Aufschlüsse chemischer Natur brachte. KOSSEL hat den Gedanken von der besonderen Stabilität der in der Edelgaskonfiguration abgeschlossenen Elektronenschalen weiter ausgesponnen und konnte damit die wesentlichen Züge des chemischen Verhaltens der den Edelgasen im periodischen System benachbarten Elemente aus der Tendenz zur Annäherung an den Edelgaszustand erklären. Die Nachbaratome suchen durch Aufnahme oder Abgabe von Elektronen unter Aufopferung ihrer Neutralität die ausgezeichnete Elektronenkonfiguration der abgeschlossenen Schalen zu erreichen. So wird z. B. das Chloratom durch Aufnahme eines Elektrons zu einem Ion mit der stabilen Elektronenkonfiguration des Argon. Aus dieser Tendenz ergibt sich ganz von selbst die negative Zweiwertigkeit der Elemente der Sauerstoffgruppe, die negative Einwertigkeit der Halogene, positive Einwertigkeit der Alkalimetalle und Zweiwertigkeit der Erdalkalien. Man versteht dann weiter das Zustandekommen der sogenannten heteropolaren Bindungen, das heißt jener Verbindungen, deren Partner entgegengesetzt geladen sind. So wird z. B. ein Chloratom bei der Begegnung mit einem Natriumatom diesem das leicht abspaltbare Elektron der äußersten Schale wegnehmen und seiner eigenen Hülle einverleiben, wodurch es die Argon-Konfiguration annimmt, während das Natrium die Neon-Konfiguration erhält. Die auf diese Weise gebildeten Ionen Na^+ und Cl^- verbinden sich nun ihrer elektrischen Anziehung folgend zu dem heteropolaren NaCl-Molekül. Dementsprechend bilden auch die heteropolaren Verbindungen im festen Zustand Ionengitter. Das bekannte Raumgitter des NaCl ist in seinen Gitterpunkten nicht mit neutralen Atomen, sondern mit Na^+ und- Cl^--Ionen besetzt.

Alle diese Vorstellungen gehören heute schon zum ABC des Chemikers. Aber noch in den ersten Jahren nach dem ersten Weltkrieg mußte sich KOSSEL, dessen umfangreiche Arbeit von 1916 Licht auf viel weitere Gebiete der Chemie warf, gegen sehr ernste Einwände vonseiten namhafter Chemiker verteidigen.

Warum gerade die Zahlen 2, 8, 8, 18, 18, 36 die Besetzungen der $K, L, M, N, \ldots$-Schalen der Atome angeben, ist sodann im Jahr 1924 durch PAULI auf Grund seiner Verbotsregel eindeutig geklärt worden, wodurch der Ausbau der PLANCK-BOHRschen Phase der Quantentheorie seine Krönung erhielt.

Daß die theoretische Physik in dieser Zeit allmählich die Rolle einer Königin im Reiche der Naturwissenschaften zu spielen begann, ist ein Erfolg der überraschenden Einsichten in das atomare Geschehen, die wir eben gerade der von BOHR angebahnten Entwicklung der Quantentheorie verdanken. Trotz aller Erfolge war aber der revolutionäranarchische Zustand der in innere Widersprüche verwickelten PLANCK-EINSTEIN-BOHRschen Quantentheorie vom rein wissenschaftlichen Standpunkt aus betrachtet gar nicht befriedigend. Da war unter anderem das Bild von den „stationären Elektronenbahnen" oder Quantenbahnen im Atom, die in vollem Widerspruch mit den Grundgesetzen der Elektrodynamik keine Strahlung aussenden sollten. Dann die mysteriösen Quantensprünge von einer stationären Bahn zur anderen, durch die eine Strahlung ausgesendet werden sollte, deren Frequenz — ebenfalls in Widerspruch mit der Elektrodynamik — gar nicht direkt mit der Bewegung des Elektrons während dieses Überganges zusammenhängt. Dazu das von früher bestandene Paradoxon von der Doppelnatur der Strahlung als elektromagnetische Welle einerseits und Partikel andererseits. Was die physikalischen Grundgesetze der klassischen Epoche von GALILEI und NEWTON angefangen bis hinauf zur EINSTEINschen Gravitationstheorie auszeichnete und von den Regeln der lateinischen Grammatik vorteilhaft unterschied, war, daß sie universelle und ausnahmslose Gültigkeit hatten. Und nun sollte man es in der Quantentheorie auf einmal hinnehmen, daß zwar sicherlich ganz allgemein jede periodisch hin- und herbewegte elektrische Ladung ein elektromagnetisches Wechselfeld entsprechender Frequenz erzeugen muß, daß dies aber für die um den Atomkern kreisenden Elektronen nicht gelten solle. Der Einfluß der bewegten Ladung auf das Feld wurde also für bestimmte Fälle durch einen diktatorischen Erlaß der Theorie ganz im Widerspruch mit den sonstigen Naturgesetzen gleich Null gesetzt, während — was besonders erschwerend war — umgekehrt für den Einfluß des Feldes auf die Bewegung des Elektrons selbst die klassischen Gesetze so genau gelten, daß alle feineren Einzelheiten des Bewegungsverlaufs, wie man sie beim makroskopischen Gegenstück der Planetenbahnen von der Astronomie her kannte, haarscharf genau den theoretischen Berechnungen entsprechen.

Die Quantentheorie des Atombaus und der Spektrallinien war also in ihrer ersten Phase inkonsistent und anarchisch, sie benützte zur Beschreibung der Vorgänge Gesetze, die teils einander widersprachen, teils für bestimmte Vorgänge schlechterdings außer Kraft gesetzt wurden. Auf der anderen Seite aber hatte die ältere Quantentheorie gegenüber der späteren Entwicklung den unschätzbaren Vorteil der Anschaulichkeit und des Festhaltens an der Beschreibung in Raum und Zeit. Die elementaren Bestandteile der Materie, Elektron, Proton (und später Neutron), waren winzige Partikel mit wohlbekannter Masse und Ladung und mit Lineardimensionen in der Größenordnung von 10^{-13} cm; die Atome als Ganzes waren Mikroplanetensysteme, wobei man für die leichtesten Elemente wenigstens über Bahnradien und Umlaufzeiten ganz bestimmte Angaben machen konnte. Die Gesetzmäßigkeit war zwar an einzelnen Stellen unterbrochen, indem die Grundgesetze der klassischen Physik zum Teil völlig exakt, zum Teil gar nicht galten, aber alles spielte sich noch in dem uns wohlbekannten dreidimensionalen Raum und der eindimensionalen Zeit ab, wobei die von EINSTEIN und MINKOWSKI geforderte Verschmelzung zum R_4 der Welt nur für Bewegungen nahe der Lichtgeschwindigkeit eine Rolle spielt.

Auf dieses Naturbild, das dem menschlichen Vorstellungsvermögen so sehr entgegenkam, mußte man verzichten und Naturbeschreibungen viel größerer Abstraktheit in Kauf nehmen, als die große Revolution ausbrach, die mit SCHRÖDINGERS Wellenmechanik eingeleitet wurde.

8. Schrödinger und Heisenberg

Die zweite Phase in der Entwicklung der Quantentheorie, die in die Zeitperiode 1925 bis 1930 fällt, brachte an Stelle der Anarchie und des Flickwerks wieder Gesetzmäßigkeit und Konsistenz. Es wurden nicht nur die inneren Widersprüche, sondern auch gewisse Widersprüche mit der Erfahrung beseitigt, die der älteren Theorie noch anhafteten. Man hat neue, vorher verborgene Zusammenhänge zwischen atomaren Erscheinungen aufklären können, hat die Existenz neuer Teilchen vorhersagen können und gelangte schließlich durch die Weiterentwicklung zur Quantenelektrodynamik zu einem System von Gesetzen, die eine konsistente und vollständige Beschreibung der atomaren Vorgänge liefern, die sich außerhalb des Atomkerns abspielen. Hinsichtlich der Vorgänge innerhalb der Atomkerne selbst ist man allerdings heute noch lange nicht so weit, weil man über das Wesen und die Gesetze der Kernkräfte — die in die Gleichungen von SCHRÖDINGER, HEISENBERG, DIRAC usw. gar nicht eingehen — noch zu wenig weiß.

Der Preis, den die Physik von heute für den erzielten Fortschritt zu zahlen hat, ist allerdings erheblich. Er besteht einerseits in der mathematischen Verwickeltheit der Nach-SCHRÖDINGERschen Weiterentwicklung der Theorie. SCHRÖDINGERS Arbeiten selbst (bei deren Entstehen übrigens der große Mathematiker HERMANN WEYL Pate stand) waren in mathematischer Hinsicht von klassischer Schönheit und waren weniger verwickelt als manche Rechnung in der allgemeinen Relativitätstheorie. Während aber die EINSTEINsche Theorie noch im wohlvertrauten Raum-Zeitkontinuum mit dem realen (wenn auch leicht gekrümmten) dreidimensionalen Raum operierte, mußte schon SCHRÖDINGER selbst den Schauplatz seiner Betrachtungen in einen fiktiven mehrdimensionalen Raum verlegen. Die Nachfolger und Vollender seiner Theorie haben dann ein Übriges getan um das System der Gesetze mathematisch reichlich verwickelt und abstrakt zu machen. Die Folge davon ist, daß heute mehr noch als vor fünfzig Jahren das Verständnis der zeitgenössischen theoretischen Physik zahlreichen Experimentalphysikern und Vertretern benachbarter naturwissenschaftlicher Fächer große Schwierigkeiten bereitet.

Die neue Entwicklung der Quantentheorie wurde durch zwei Vorstöße eingeleitet, die 1925 von HEISENBERG und unabhängig von ihm bald darauf von SCHRÖDINGER unternommen wurden. HEISENBERG ging dabei den rationellen, logisch scharf durchdachten Weg, während SCHRÖDINGERS Wellenmechanik eher als das Ergebnis einer genialen Intuition erscheint, eines Geistesblitzes, der wie durch ein Wunder gelenkt gerade dorthin traf, wohin auch HEISENBERGS wohlangelegter Weg führte.

HEISENBERG ging von dem Grundsatz aus, daß eine Theorie über den Zusammenhang zwischen Atombau und Spektrallinien nur Beziehungen zwischen prinzipiell beobachtbaren Größen enthalten solle. Nun haben viele von den mit der BOHRschen Theorie errechneten Angaben über Elektronenbahnen und ihre Umlaufsfrequenzen, Durchmesser, Exzentrizitäten und Neigungen gar nichts mit dem zu tun, was man den direkten spektroskopischen Messungen entnehmen kann. Vielmehr sind die einer direkten Beobachtung zugänglichen Daten nur die Frequenzen, Intensitäten und Polarisationszustände der einzelnen Linien eines Spektrums. Weil ferner die Frequenzen sich gemäß Gl. (9) von den Differenzen der Energieniveaus der stationären Zustände nur durch den Faktor h unterscheiden, kann man auch die Energieniveaus als grundsätzlich beobachtbar betrachten.

Die von HEISENBERG im Jahr 1925 unter Benützung der Matrizenrechnung aufgestellte Quantenmechanik ermöglichte es nun direkt die Frequenzen und Intensitäten der von einer Vielzahl gleichartiger Atome ausgesendeten Linienspektren aus den Eigenschaften des Modells zu berechnen, wobei es sogleich gelang, einige der älteren BOHRschen Theorie anhaftende Unstimmigkeiten mit der Erfahrung zu beseitigen. Im Jahr 1926 erschienen dann SCHRÖDINGERS Arbeiten über die Wellenmechanik, die das Problem von einer ganz anderen Seite her anpackten, jedoch, wie sich bald herausstellte, zu genau den gleichen Ergebnissen hinsichtlich der physikalisch beobachtbaren Phänomene führten. Weil nun die in der Wellenmechanik verwendete Behandlung von Randwertproblemen partieller Differentialgleichungen den meisten Theoretikern von zahlreichen Problemen der klassischen Physik her besser geläufig war als die Matrizenrechnung, erfolgte innerhalb des nächsten Jahrzehnts die Anwendung der neuen Quantentheorie mehr auf dem von SCHRÖDINGER angegebenen Weg, der sich in einzelnen Fällen auch als der praktisch besser gangbare erwies.

9. Broglie und die Materiewellen

Den Anstoß zu SCHRÖDINGERS Betrachtungen gab eine aus dem Jahr 1924 stammende und 1925 veröffentlichte Dissertation eines jungen Franzosen LOUIS DE BROGLIE, in der der Versuch gemacht wurde, die vom Lichtquant her bekannte Dualität Welle — Korpuskel umgekehrt auch auf Elementarpartikeln (Elektronen, Protonen usw.) auszudehnen. Wenn das Elektron neben seiner unzweifelhaft vorhandenen Partikelnatur auch Wellencharakter hätte, dann wäre es durchaus natürlich, ihm eine Frequenz v zuzuordnen, die sich durch Kombination der allgemeingültigen Gl. (7) und (8) zu

$$v = \mu c^2/h \qquad (10)$$

ergibt. μ bedeutet hier die Elektronenmasse, weil man den Buchstaben m in der Quantentheorie lieber ebenso wie n für eine ganze Zahl reserviert. BROGLIE zeigte nun, daß man sich ein mit der Geschwindigkeit v laufendes Elektron als eine Wellengruppe vorstellen könnte, wie sie in dispergierenden Medien durch Interferenz von mehreren für sich allein monochromatischen Wellen entsteht, deren Frequenzen innerhalb eines engen Intervalles Δv um die durch Gl. (10) gegebene mittlere Frequenz liegen. Diese Wellen hat BROGLIE zunächst mit dem unverbindlichen Namen „ondes de phase", also Phasenwellen bezeichnet. In der Makrophysik kann man solche Wellengruppen sehr deutlich bei Wasserwellen beobachten, wobei man auch erkennt, daß die Gruppengeschwindigkeit v, mit der sich die Gruppe als Ganzes fortbewegt, sich von der Phasengeschwindigkeit u unterscheidet, mit der die Einzelwellen durch die Gruppe hindurchlaufen. Nach BROGLIE hat man die Geschwindigkeit v des Elektrons mit der Gruppengeschwindigkeit zu identifizieren, die wiederum mit der Phasengeschwindigkeit in dem Zusammenhang steht

$$u v = c^2, \qquad (11)$$

wobei c wie immer die Vakuumlichtgeschwindigkeit bedeutet. Weil natürlich $v < c$ ist, ergibt sich für die Phasengeschwindigkeit $u > c$, was aber darum kein Widerspruch mit der Relativitätstheorie ist, weil die Phase einer stationären Welle selbst keine Energie transportiert und auch kein Signal befördern kann, während die Geschwindigkeit des Teilchens selbst durch die Gruppengeschwindigkeit $v < c$ dargestellt wird.

BROGLIE konnte ferner auf zwei Umstände hinweisen, die geeignet waren, das Interesse der Quantentheoretiker auf seine Spekulationen zu lenken:

1. Er konnte zeigen, daß die Übertragung der Vorstellung vom bewegten Teilchen auf den von ihm vorgeschlagenen Vorgang des Wanderns einer Wellengruppe dazu führt, daß das den mechanischen Vorgang beschreibende HAMILTONsche Prinzip der kleinsten Wirkung

$$\int \mu v \, ds = \text{Min.} \tag{12}$$

das ja nur eine andere Formulierung der NEWTONschen Grundgesetze bildet, in das von der Optik her geläufige FERMATsche Prinzip von der kürzesten Laufzeit der Phasenwellen übergeht:

$$\int \frac{ds}{u} = \text{Min.} \tag{13}$$

2. Es stellte sich heraus, daß die Kreisbahnen unter den Quantenbahnen im Wasserstoffatom dadurch ausgezeichnet sind, daß ihre Umfänge genau ganzzahlige Vielfache der Wellenlängen der Phasenwellen sind, die den umlaufenden Elektronen zugeordnet sind.

Einen ersten direkten experimentellen Beweis für den Wellencharakter von Teilchenstrahlen brachten dann die 1927 publizierten Versuche von DAVISSON und GERMER, die zeigen konnten, daß nicht nur (wie schon 1912 durch LAUE nachgewiesen wurde) Röntgenstrahlen beim Durchgang durch Kristallgitter Interferenzerscheinungen erzeugen, sondern daß auch ein Bündel rasch laufender Elektronen (Kathodenstrahlen) sich unter geeigneten Versuchsbedingungen ebenso verhält. Dabei fand man für die Wellenlängen gerade den der BROGLIEschen Theorie entsprechenden Wert.

10. Die Schrödingergleichung

BROGLIES Dissertation hatte sehr interessante Zusammenhänge zwischen der Bewegung materieller Teilchen und dem Wandern von Wellengruppen aufgedeckt, aber noch keine Aussagen darüber geliefert, wie sich solche Materiewellen unter dem Einfluß von Kraftfeldern auf Teilchen entwickeln. Was bei BROGLIE noch fehlte, war eine Differentialgleichung des Wellenfeldes, welche die das Feld erzeugenden Größen als Parameter enthalten, ähnlich wie das die MAXWELLschen Gleichungen für das elektromagnetische Feld tun. SCHRÖDINGERs Leistung bestand nun darin, daß er

erstens, auf Grund sehr einfacher und einleuchtender Überlegungen eine Differentialgleichung für das Wellenfeld als Funktion der felderzeugenden Größen aufstellte,

zweitens eine Anweisung gab, wie man die Wellengleichung handhaben muß, um aus ihr die der Beobachtung zugänglichen Daten zu ermitteln.

Für den einfachsten Fall eines konservativen Systems, bei dem ein zeitlich konstantes Kraftfeld mit dem Potential $V(x, y, z)$ auf ein einzelnes Teilchen mit der Masse μ wirkt, ist die SCHRÖDINGER-Gleichung für die Wellenfunktion $\psi(x, y, z, t)$ im nichtrelativistischen Fall gegeben durch

$$\Delta \psi + \frac{2\mu}{\hbar^2}(E - V)\psi = 0 \qquad (14)$$

wobei ψ als eine periodische Funktion der Zeit mit der Frequenz ν vorausgesetzt ist. E ist die konstante Gesamtenergie des Systems.

Mit dem Ansatz

$$\psi(x, y, z, t) = f(x, y, z) \cdot e^{-2\pi i \nu t} \qquad (15)$$

ergeben sich die von den Schwingungen der Saiten und Membranen her bekannten stehenden Wellen, deren Nullstellen die Knotenpunkte (bzw. Knotenlinien oder Knotenflächen im mehrdimensionalen Fall) des Wellenfeldes entsprechen. Hier konnte nun SCHRÖDINGER an die von der Elastizitätslehre und der Akustik her gut entwickelte Theorie der Randwertaufgaben partieller Differentialgleichungen anknüpfen und folgendes zeigen: Abgesehen von der trivialen Lösung $\psi = 0$ gibt es Lösungen, die den natürlichen Randwertbedingungen (Endlichkeit in endlichen Raumbereichen, Verschwinden im Unendlichen) genügen, zwar für beliebige positive, aber nur für bestimmte diskrete negative Werte von E. (Die willkürliche additive Konstante der Potentialfunktion V ist dabei wie üblich so festgelegt, daß V im Unendlichen verschwindet. Negative E-Werte sind daher die gerade für die Betrachtung des Einzelatoms interessanten, bei denen das Elektron im Endlichen bleibt, im Falle der KEPLER-Bewegung also in geschlossenen Bahnen, Ellipsen oder Kreisen, umläuft.) Die ausgezeichneten Werte von E, für die Lösungen mit geeigneteren Randwerten existieren, heißen bekanntlich die Eigenwerte und die zu diesen Eigenwerten gehörigen Lösungen $f(x, y, z)$ sind die Eigenfunktionen der Gl. (14). Den verschiedenen Eigenwerten der Energie, $E_1, E_2, \ldots$ (allgemein E_k), entsprechen dann gemäß Gl. (8) auch bestimmte diskrete Frequenzen $\nu_k = E_k/h$.

Es dürfte einer der erhebendsten Momente im Leben SCHRÖDINGERS gewesen sein, als er entdeckte, daß die Eigenwerte seiner Gleichung im Falle des Wasserstoffatoms genau mit den Energiewerten übereinstimmten, die sich auch für die BOHRschen Quantenbahnen ergeben hatten. Es war damit klar, daß die neue Theorie unter Benützung der zweifellos beizubehaltenden Gl. (9) wieder die richtigen numerischen Werte für die Wellenlängen des Wasserstoffspektrums liefert. Den grundlegenden Erfolg der BOHRschen Theorie, nämlich die Entschlüsselung der Spektren der Einelektronensysteme, konnte die neugeborene Wellenmechanik daher sogleich auch für sich buchen. Sehr bald stellte sich dann noch ihre darüber hinausgehende Leistungsfähigkeit heraus, von der gleich später gesprochen werden soll. Das zunächst Bestechende war aber das Bild, das man sich vom Entstehen der Spektren machen konnte. An Stelle der stationären Zustände mit den auf den Quantenbahnen illegal ohne Strahlungsabgabe umlaufenden Elektronen hat man sich nun eine bestimmte Eigenschwingung, ein System stehender Wellen zu denken, das den ganzen Raum um den Atomkern einhüllt. Dieses Wellenfeld weist bestimmte, für die jeweilige Eigenfunktion charakteristische Schwingungsknoten auf, ähnlich wie das bei schwingenden Membranen und auch bei tönenden Glocken der Fall ist. Je nach Art der Anregung kann sich bei solchen Schwingungserregern die eine oder die andere Eigenschwingung ausbilden. In vielen Fällen, die gerade bei Musikinstrumenten eine Rolle spielen, sind mehrere mögliche Eigenschwingungen (Partialschwingungen) gleichzeitig angeregt, aus deren Akkord sich dann der für das betreffende Instrument charakteristische Klang ergibt.

Die sinngemäße Übertragung dieser von der Akustik her bekannten Tatsachen auf die wellenmechanische Erklärung der Spektren erfolgt nach SCHRÖDINGER so, daß die stationären Zustände der BOHRschen Quantenbahnen ersetzt werden durch stehende Schwingungen der Wellenfunktion ψ. Ferner hat man sich an Stelle der Quantensprünge von einer stationären Bahn zur anderen vorzustellen, daß eine Eigenschwingung von der Energie E_n allmählich in eine von der Energie E_m übergeht, wobei während des Abklingens der einen und des Aufschaukelns der anderen Teilschwingung die Energiedifferenz in Form einer elektromagnetischen Welle ausgestrahlt wird, deren Frequenz mit der Schwebungsfrequenz der beiden ψ-Wellen übereinstimmt.

SCHRÖDINGER konnte nun weiter zeigen, daß durch eine einfache Interpretation der (bei BROGLIE noch ganz unbestimmt gelassenen) physikalischen Bedeutung der Wellenfunktion ψ jenes seit 1913 bestandene Rätsel aufgeklärt werden könnte, daß in den stationären Zuständen des Atoms Elektronen umlaufen, ohne Strahlung zu emittieren, während der Quantensprung mit Strahlungsemission verbunden sein sollte, deren Frequenz durch die Gl. (9) gegeben ist, ohne daß man etwas Bestimmtes über den mechanischen Ablauf des Überganges wußte. Der Widerspruch mit der klassischen Elektrodynamik kann nun nach SCHRÖDINGER — zumindest für das Einelektronensystem — dadurch zum Verschwinden gebracht werden, daß man die ψ-Funktion mit der elektrischen Ladungsdichte ϱ durch die Gleichung

$$e\,\psi\,\psi^* = \varrho \tag{16}$$

verknüpft. ψ^* ist dabei der konjugiert komplexe Wert von ψ und e die Elektronenladung. Daher bedeutet die Gl. (16), daß die Ladungsdichte durch das Produkt aus e und dem Quadrat des Absolutbetrages von ψ gegeben ist. Da wegen der Homogenität der Gl. (14) die Funktion ψ nur bis auf einen willkürlichen konstanten Faktor bestimmt ist, muß ihr Wert noch durch eine Normierungsbedingung festgelegt werden, die im Falle des Einelektronensystems einfach lautet

$$\int \psi\,\psi^*\,d\tau = 1. \tag{17}$$

An Stelle des kreisenden, fast punktförmigen Elektrons tritt in diesem Bilde die über die ganze Umgebung des Kerns verschmierte Ladung, deren Dichte für die einzeln stehenden Wellen infolge der Definitionsgleichung (16) und wegen

$$e^{2\pi i\nu t} \cdot e^{-2\pi i\nu t} = 1$$

zeitlich konstant ist. Aus diesem Grunde ist auch nach der klassischen Elektrodynamik von den einzelnen durch je eine Eigenfunktion gegebenen stationären Zuständen keine Strahlungsemission zu erwarten. Wenn sich dagegen zwei Schwingungen mit voneinander verschiedenen Energie-Eigenwerten E_n und E_m überlagern, heben sich in dem Produkt $\psi\psi^*$ die zeitabhängigen Glieder nicht gegenseitig auf und es bleibt eine zeitlich periodische Veränderlichkeit mit der Frequenz

$$\nu = \nu_n - \nu_m = (E_n - E_m)/h \tag{18}$$

übrig, die sowohl in Einklang mit der MAXWELLschen Theorie wie auch entsprechend der BOHRschen Frequenzbedingung (9) eine Strahlung gerade dieser Frequenz verursacht.

Diese Betrachtungen, die schon aus SCHÖDINGERs ersten Publikationen über Wellenmechanik stammen, waren geeignet, die Hoffnung zu erwecken, daß man eine konsistente und vollständige Beschreibung nach Art der makroskopischen Feldphysik auch für die atomaren Vorgänge aufstellen könnte. Das hätte also bedeutet: So wie man in der Astronomie durch Kenntnis des Schwerefelds in jedem einzelnen Punkt des dreidimensionalen Raums und durch Kenntnis der Koordinaten und Geschwindigkeiten der einzelnen in diesem Feld bewegten Körper den gesamten weiteren Bewegungsverlauf berechnen könnte, würde man auch im atomaren Bereich die Vorgänge eindeutig und für ihre Vorausberechnung hinreichend beschreiben können, indem man die elektromagnetischen Feldstärken und dazu die ψ-Werte für die einzelnen Atome als Funktionen der drei räumlichen Koordinaten und der Zeit angibt.

Diese Hoffnung eines möglichen Ausbaus einer Art klassischer Feldphysik auf das atomare Geschehen hat sich aber nun nicht erfüllt. Man wäre im Rahmen einer Feldphysik geblieben, wenn die Erweiterung der Wellenmechanik auf Mehrelektronensysteme sich so vollzogen hätte, daß man für jedes einzelne Elektron im Atom eine eigene ψ-Welle als Funktion von x, y, z und t angeben könnte. Statt dessen enthält aber die zu brauchbaren Ergebnissen führende Wellengleichung für ein n-Elektronensystem auch nur eine einzige abhängige Variable ψ, die aber als Funktion von $3n$ unabhängigen Koordinaten, nämlich $x_1, y_1, z_1, x_2 \ldots y_n, z_n$ und t zu bestimmen ist. Mit anderen Worten: Die stehenden Schwingungen, die einen bestimmten stationären Zustand des Atoms repräsentieren, spielen sich gar nicht in unserem realen physikalischen dreidimensionalen Raum ab, sondern in dem rein fiktiven vieldimensionalen „Konfigurationsraum", der ja schon bei den statistischen Betrachtungen von MAXWELL, BOLTZMANN und GIBBS verwendet worden war. Für ein System von n Partikeln hat er $3n$ Dimensionen.

Eine Theorie dieser Art bedeutet eine Absage und einen Verzicht auf eine feldphysikalische Darstellung des atomaren Geschehens in Raum und Zeit. Man hat daher auch schweren Herzens die sehr einleuchtende Vorstellung einer kontinuierlichen Ladungsverteilung gemäß Gl. (16) zugunsten einer statistischen Deutung dieser Gleichung aufgegeben. Was damit konkret gemeint ist, sei hier am Beispiel eines Zweielektronensystems, zum Beispiele des neutralen Heliums oder des einfach ionisierten Li+ erläutert. Es sei $\psi(x_1, y_1, z_1, x_2, y_2, z_2, t)$ eine zu einem bestimmten Zustand gehörige Eigenfunktion der Wellengleichung, dann bedeutet der zugehörige Ausdruck für die Dichte $e\,\psi\,\psi^*$ die Wahrscheinlichkeit dafür, daß man zum Zeitpunkt t das eine Elektron an der Stelle $x_1\,y_1\,z_1$ und das andere gleichzeitig an der Stelle $x_2\,y_2\,z_2$ antrifft. An Stelle einer bestimmten Aussage, daß an irgendeinem Ort eine genau berechenbare Quantität einer Ladungsdichte vorhanden sei, tritt die mehr verschwommene Aussage über die Wahrscheinlichkeit des Vorhandenseins oder Nichtvorhandenseins eines Teilchens.

An sich ist diese Art der Darstellung im atomaren Bereich gar nicht neu, sondern entspricht einfach den Methoden der MAXWELL-BOLTZMANNschen Molekularstatistik. Nehmen wir nur das ganz elementare Problem der Dichteverteilung in der Atmosphäre, die ja bekanntlich bei konstanter Temperatur durch die barometrische Höhenformel gegeben ist. Mit makroskopischen Maßstäben gemessen wird die Dichte in irgendeinem Niveau von der Höhe über dem Meeresspiegel abhängig sein und den gleichen Wert haben, ob man sie nun in Kilogramm je Kubikdezimeter oder in Gramm je Kubikzentimeter ausdrückt. Würde man aber die Dichte in immer kleineren Volumelementen zu bestimmen suchen, so würde sich bei Annäherung an die molekularen Dimensionen allmählich Schwankungen zeigen und für einen Würfel von 10^{-8} cm Seitenlänge könnte man schließlich überhaupt nicht mehr von einer Luftdichte sprechen, sondern nur von der Wahrscheinlichkeit, daß sich in ihm ein Molekül befindet oder nicht.

11. Die Heisenbergsche Unschärferelation

Mit der statistischen Deutung von ψ nähert man sich also wieder ein wenig dem vor BROGLIE und SCHRÖDINGER bestandenen Zustand der Naturbeschreibung, in dem die Atome und ihre Bestandteile durch winzige Partikel repräsentiert waren. Aber die Rückkehr war nicht hundertprozentig, weil man es in der Wellenmechanik nicht mehr mit scharf abgegrenzten Partikeln, sondern mit Wellengruppen zu tun hat, die bei endlicher räumlicher Ausdehnung ohne scharfe Begrenzung allmählich in den leeren Außenraum übergehen. Dementsprechend läßt sich ein Elementarteilchen auch nicht absolut scharf lokalisieren, wie man das noch hätte erwarten können, wenn die Teilchen die Gestalt von Kügelchen hätten, deren Lage durch Angabe der Koordinaten des Mittelpunktes mathematisch exakt festgelegt werden könnte. Ja selbst unter der Fiktion des Zutreffens der älteren Partikelvorstellung wäre es nie möglich, sowohl die Lage wie auch die Geschwindigkeit eines Teilchens — oder anders ausgedrückt seine Koordinaten und Impulse — gleichzeitig mit absoluter Genauigkeit zu messen. Denn zur Bestimmung der Lage muß man das Teilchen anvisieren, was bei Verwendung von sichtbarem Licht bestenfalls mit einer Unschärfe von der Größenordnung einer Lichtwellenlänge, das ist rund $5 \cdot 10^{-5}$ cm, ginge. Zur Erzielung größerer Genauigkeit der Lagemessung müßte man kurzwelligere Strahlung, also Photonen höherer Frequenz und größerer Energie $h\nu$ verwenden. Nun weiß man aber von dem in den Zwanzigerjahren entdeckten COMPTON-Effekt her, daß Photonen beim Zusammenstoß mit einem Elementarteilchen entsprechend den mechanischen Stoßgesetzen einen Teil ihres Impulses $h\nu/c$ an das Teilchen abgeben, es also wie beim Zusammenstoß zwischen Billardkugeln in Bewegung setzen. Je kürzer die Wellenlänge und je genauer also die mögliche Lagebestimmung, desto größer ist die Frequenz ν und damit der Impuls des Photons und die Bewegungsänderung des getroffenen Teilchens. Durch den Versuch einer genauen Lokalisierung des Teilchens wird sich also während des Meßvorganges selbst sein Impuls ändern, so daß dessen völlig exakte Messung nicht möglich ist. (Es ist ein bißchen ähnlich wie wenn man einen im Dunkeln sitzenden Nachtvogel genau anvisieren wollte und ihn dazu mit einer Blendlaterne anleuchtet, worauf der Vogel davonfliegt.) Wollte man dagegen den Bewegungs- oder Ruhezustand des Teilchens möglichst wenig ändern, so hätte man Photonen kleinerer Energie, also größerer Wellenlänge zu verwenden, wodurch wieder die Lagebestimmung ungenau ausfällt. Diese Reziprozität der Meßfehler in der Bestimmung von Lage und Impuls eines Teilchens wird durch die HEISENBERGsche Unschärferelation

$$\Delta q \cdot \Delta p \geqslant \hbar \qquad (19)$$

ausgedrückt, wobei Δq und Δp die Meßfehler in den Koordinaten bzw. Impulsen des Teilchens bedeuten und $\hbar$ die Abkürzung für $h/2\pi$ ist. Die Ungleichung (19) ist eine der grundsätzlich wichtigsten Beziehungen, die sich sowohl aus der von SCHRÖDINGER gegebenen wellenmechanischen Fassung der Quantentheorie wie auch aus dem HEISENBERGschen Matrizenformalismus herleiten läßt. Daß das Ergebnis irgendeiner physikalischen Messung durch den Akt des Messens selbst, also durch den Eingriff des Beobachters beeinflußt und gegebenenfalls stark gefälscht werden kann, hat man immer schon gewußt. Man denke sich ein kleines Quantum einer Flüssigkeit in einer Eprouvette. Wenn man zur Messung der Temperatur ein Thermometer einführt, dessen Wärmekapazität vergleichbar oder noch größer ist als die der Flüssigkeit, dann wird beim Temperaturausgleich zwischen Flüssigkeit und Thermometer der Flüssigkeit Wärme entzogen oder zugeführt werden, so daß gar nicht die ursprüngliche ungestörte Temperatur gemessen wird. Diese Verfälschung des Meßergebnisses durch den Eingriff des Messens selbst kann durch Verfeinerung und Verkleinerung des Meßinstrumentes herabgesetzt werden. Aber dafür gibt es im atomaren Bereich eine nicht unterschreitbare untere Grenze, die eben durch die HEISENBERGsche Unschärferelation (19) gegeben ist.

Da in der vierdimensionalen Schreibweise der speziellen Relativitätstheorie die drei räumlichen Komponenten des Impulses zusammen mit der Energie einen Vierervektor bilden und da für die drei räumlichen Koordinaten und die Zeitkoordinate zusammen das gleiche gilt, gibt es zu der auf die räumlichen Koordinaten bezogenen Ungleichung (19) noch eine vierte Komponente

$$\Delta t \cdot \Delta E \geqslant \hbar, \qquad (20)$$

die namentlich in der Kernphysik eine wichtige Rolle spielt. Sie besagt, daß der Meßfehler ΔE der Energie um so größer wird, je kleiner das Zeitintervall ist, für das man den Wert von E bestimmen will.

Die einerseits körnige und gleichzeitig wellenartige Struktur in Mikrobereichen der Materie macht sich natürlich im Gebiete der Kernphysik und noch mehr in dem der hochenergetischen Teilchen besonders deutlich bemerkbar. Auf Grund der Gesetze von der Erhaltung der Energie und der Erhaltung der Materie — die ja auf Grund des EINSTEINschen Gesetzes $E = m c^2$ in eines verschmelzen — wäre zu erwarten, daß ein sich selbst überlassenes Teilchen dauernd exakt die gleiche Masse und gleiche Energie behält. Das gilt aber nur innerhalb jener Grenzen der Exaktheit, die durch die Unschärferelation (20) festgelegt sind. Für extrem kurze Zeitintervalle δt können Abweichungen der Energie des Teilchens vom Durchschnittswert eintreten, die unbeobachtbar bleiben, so lange δE kleiner ist als der kleinste Meßfehler, der durch (20) bei Verwendung des Gleichheitszeichens gegeben ist. Nun scheinen die Elementarteilchen sich wirklich so zu benehmen wie schlimme Kinder, die in unbeobachtetem Zustand böse Streiche spielen, derart daß jene Abweichungen der Energie und damit auch der Masse, die unterhalb der durch (20) gegebenen Beobachtbarkeitsgrenze liegen, auch tatsächlich eintreten. Man könnte das Verhalten der Elementarteilchen hinsichtlich ihrer Energie und Masse auch mit dem eines leichtfertigen Kassiers vergleichen, dessen Kassengebarung zwar jeweils am Monatsende stimmt, in der Zwischenzeit aber Unregelmäßigkeiten oder unverbuchte Einnahmen und Ausgaben zuläßt.

12. Der Tunneleffekt und der Alpha-Zerfall

Die theoretische Vorhersage eines derartigen Verhaltens hatte sich aus der Wellenmechanik ergeben, als man aus ihr den sogenannten Tunneleffekt herleitete. Um ihn zu verstehen, betrachten wir zunächst einen makroskopischen Versuch. Man stelle sich eine glatte Rinne vor, die im irdischen Schwerefeld bis zu einem Höhepunkt ansteigt und dahinter wieder abfällt. Wir lassen nun kleine Kugeln mit verschiedenen Geschwindigkeiten diese Rinne entlanglaufen. Dann ist es nach den Gesetzen der Makromechanik völlig klar, daß jene Kugeln den Höhepunkt der Rinne erreichen oder überschreiten werden, deren kinetische Energie gleich oder größer ist als die potentielle Energie im Höhepunkt, während die mit kleinerer Energie vor dem Gipfel stehen bleiben und wieder zurückrollen werden. Hier gibt es also nur ein entweder-oder mit einer scharf definierten Grenze dazwischen.

Das atomare Gegenstück zu diesem Versuch würde darin bestehen, daß man geladene Partikeln, z. B. Elektronen, Protonen oder Alpha-Teilchen mit verschiedenen kinetischen Energien gegen ein verzögerndes elektrisches Feld schießt, also bildlich gesprochen gegen einen Potentialberg anlaufen läßt. Nach der klassischen Theorie verhält es sich in diesem Fall genau so wie bei dem mechanischen Beispiel mit der Rinne. Die Höhe des Potentialberges bildet eine scharfe Grenze, derart, daß die Teilchen mit größerer Energie durchgelassen und die mit kleinerer unwiderruflich abgestoppt und zurückgewiesen werden.

Behandelt man aber den Fall nach der Wellenmechanik, so ergibt sich etwas, das man schon von der Wellenoptik her kennt. Man weiß schon lange, daß bei der Totalreflexion, z. B. an der Grenze Wasser-Luft oder Glas-Luft die Wellenerregung an der Trennungsfläche bei Überschreiten eines bestimmten Einfallswinkels nicht einfach umkehrt, sondern bis zu einer gewissen, wenn auch geringen, Tiefe in das zweite Medium übertritt. Behandelt man nun das oben geschilderte Problem des Anlaufens von Teilchen gegen einen Potentialwall nach den Methoden der Wellenmechanik, dann hat man die der Größe $\psi \psi^*$ proportionale Wahrscheinlichkeit für die Anwesenheit des Teilchens auf der jenseits des Potentialbergs gelegenen Seite auszurechnen und findet, daß sie auch dann nicht exakt gleich Null wird, wenn die Partikelenergie zum Überschreiten des Berges gar nicht ausreicht. Es bleibt vielmehr eine endliche Wahrscheinlichkeit, die allerdings sehr rasch, nämlich exponentiell mit dem Fehlbetrag der Energie abnimmt. Der Potentialberg verhält sich daher so, als wäre für die Teilchen, deren Energie nur um einen kleinen Betrag zu gering ist, ein Tunnel unter dem Gipfel vorgesehen, durch den sie durchschlüpfen können. Daher der Name Tunneleffekt.

Zu gleichen Ergebnissen kommt man auch auf Grund der Unschärferelation. Das Teilchen, das dem Höhepunkt des Potentialbergs nahekommt, ihn aber mangels Energievorrat nicht erreichen kann wie ein Auto, dem vor der Paßhöhe das Benzin ausgeht, kann sich für ganz kurze Zeit δt einen Energiebetrag δE ausborgen, den es nach Überschreitung der Höhe wieder zurückgibt. Wenn der Fehlbetrag δE und die Zeit zum Überschreiten δt kleiner sind als die kleinsten durch die Unschärferelation zugelassenen Meßfehler, dann kann der Schwindel mit der ausgeborgten Energie nicht aufgedeckt werden und wird daher auch tatsächlich in einem gewissen Prozentsatz der Fälle verübt. Das Teilchen befindet sich ja in einer günstigeren Lage als das steckengebliebene Auto, das zwar bei der Bergfahrt Benzin verbraucht, aber bei der Talfahrt nicht wieder Benzin produziert. Im Gegensatz dazu gewinnt das Teilchen bei der Talfahrt jenseits des Potentialbergs wieder Energie, so daß es den Debetsaldo ausgleichen kann. Im weiteren Verlauf der Bahn wird es dann gerade die Energie haben, die es beim Herabrollen vom Niveau jenes fiktiven Tunnels bekommt, der sich an der

Stelle des Berges aufgetan hätte, die er mit der ihm rechtmäßig gehörigen Energie E erklommen hatte. Das mag alles sehr phantastisch und spekulativ klingen, ist aber durchaus ernst zu nehmen. Schon drei Jahre nach der Aufstellung der Wellenmechanik durch SCHRÖDINGER ist der aus ihr hergeleitete Tunneleffekt zur Erklärung des α-Zerfalls der radioaktiven Elemente herangezogen worden. In einem aus Protonen und Neutronen zusammengesetzten Atomkern wirken die Kernkräfte anziehend, die elektrostatischen Kräfte zwischen den Protonen dagegen abstoßend. Dadurch entsteht eine Potentialverteilung, deren mechanisch-makroskopisches Gegenstück man sich vorstellen könnte als eine von einem Ringwall umgebene tiefe Bodenmulde, in der Kügelchen in lebhafter Bewegung durcheinanderlaufen. Jene von den Kugeln, die genügende kinetische Energie haben, können längs der Muldenwand hoch genug hinauflaufen, den Ringwall überschreiten und beim Herunterlaufen an der Außenseite zusätzliche kinetische Energie erlangen, um mit einer gewissen Geschwindigkeit in den Außenraum vorzustoßen.

Würden nun die Kernbestandteile eines Atoms genügende Energie haben um den Potentialwall aus eigener Kraft zu überschreiten, so würde der Kern bei der überaus lebhaften Bewegung, die in ihm vorgeht, in unmeßbar kurzer Zeit zerfallen und daher praktisch überhaupt nicht existieren. Bei jenen radioaktiven Elementen, die eine meßbare Halbwertszeit besitzen, muß daher eine Wirkung existieren, die das Überschreiten des Potentialwalls verzögert, ihn aber nicht unmöglich macht. Die dafür geeignete Erklärung war die, daß die Nukleonen — die bei den schwereren Elementen schon in Form von Alpha-Teilchen paketiert sind — zwar nicht die genügende Energie haben um zu entkommen, daß aber bei jenen Kernen, die radioaktiven Zerfall zeigen, der Fehlbetrag so gering ist, daß der Tunneleffekt eine gewisse Wahrscheinlichkeit für den Austritt offen läßt. Je größer der Fehlbetrag, desto geringer die Wahrscheinlichkeit und desto größer die Halbwertszeit des betreffenden Elementes. GAMOW einerseits und unabhängig von ihm GURNEY und CONDON haben 1928 die Theorie des α-Zerfalls auf Grund des wellenmechanischen Tunneleffekts entwickelt und gezeigt, daß sich aus ihr die schon lange experimentell gefundene GEIGER-NUTTALLsche Beziehung zwischen Lebensdauer und Reichweite der α-Strahlen herleiten läßt.

Unabhängig davon haben auch Experimente mit Kernzusammenstößen die Wirkung des Tunneleffekts in quantitativ richtiger Übereinstimmung mit der Theorie erwiesen, so daß über das Zutreffen dieser Folgerung aus der Wellenmechanik kein Zweifel mehr besteht.

13. Die Austauschkräfte und die homöopolaren Bindungen

In Kapitel 7 war schon angedeutet worden, wie man auf Grund der BOHR-KOSSELschen Vorstellungen das Zustandekommen der *heteropolaren* Bindungen als Ergebnis der elektrischen Anziehung zwischen Ionen ungleichen Vorzeichens verstehen kann. Was aber vor der Auf-

Die Austauschkräfte und die homöopolaren Bindungen

stellung der Wellenmechanik nicht gelungen war, das war die Erklärung der *homöopolaren* Verbindungen, also die Anziehung zwischen neutralen Atomen oder Molekülen. Wir erläutern das hier an dem einfachsten Fall des Wasserstoffmoleküls H_2, über dessen Eigenschaften man schon lange aus experimentellen Untersuchungen genau Bescheid weiß. Gemäß den Vorstellungen der BOHRschen Theorie besteht es aus zwei, in bestimmtem Abstand voneinander befindlichen Kernen (die im Falle des Wasserstoffs bekanntlich mit den Protonen identisch sind) und aus zwei Elektronen, die unter dem Einfluß ihrer gegenseitigen Abstoßung und der Anziehung durch die Kerne irgendwelche recht verwickelte Bahnen beschreiben. Der Abstand der beiden Kerne beträgt $0{,}76 \cdot 10^{-8}$ cm und die Dissoziationsarbeit, die man aufwenden muß um die beiden H-Atome wieder voneinander zu trennen, ist 4,3 Elektronvolt. Da jedes der beiden H-Atome für sich neutral ist, versteht man zunächst nicht, wieso man die Bindungskräfte auf elektrische Anziehung zurückführen kann. Diese Bindungskräfte sind ja, wie man von der Dissoziationsarbeit weiß, gar nicht so gering. Denn 4,3 eV je Molekül bedeutet, daß zur Dissoziation von 1 Mol = 2 Gramm eine Arbeit von 99 kcal oder 42 300 kgm aufgewendet werden muß.

Andererseits wäre es unbefriedigend gewesen, die homöopolaren Bindungen auf das Wirken eigener, bisher unbekannter Kräfte zurückführen zu müssen, nachdem sich schon die heteropolaren Bindungskräfte so einfach durch die elektrische Anziehung zwischen entgegengesetzt geladenen Ionen erklären ließen. Einen ersten Fingerzeig hatte nun die KOSSELsche Hypothese von der Tendenz zur Ausbildung der bevorzugten Edelgaskonfiguration gegeben. Man denke sich zwei neutrale Wasserstoffatome, bestehend aus je einem Proton und je einem um sein Proton umlaufenden Elektron, einander genähert. Man könnte sich nun vorstellen, daß dabei etwas Ähnliches geschehen wird wie beim ersten Schritt der Bildung eines NaCl-Moleküls, daß nämlich der eine Kern dem zweiten sein Elektron wegschnappt und sich dadurch eine volle K-Schale nach Art des Heliumatoms aneignet. Es wird auf diese Weise zu einem H^--Ion, während das andere, nunmehr nackte Proton an sich natürlich ein H^+-Ion ist. Nach dieser Auffassung wäre dann auch das H_2-Molekül eine Art heteropolare Verbindung. Das Unbefriedigende an dieser Auffassung ist, daß ein zuerst völlig symmetrischer Zustand in einen asymmetrischen übergehen soll, von dem man weder im chemischen noch im gaskinetischen Verhalten des Wasserstoffmoleküls je etwas bemerkt hat. Außerdem sieht man keinen zureichenden Grund, warum sich das eine Proton bei der Rauferei um die Heliumkonfiguration als der Stärkere erweisen sollte. Eher ließe sich noch verstehen, daß beide Elektronen abwechselnd um den einen und den anderen Kern ihren der Heliumkonfiguration entsprechenden Reigen aufführen.

Man hat nun nach Aufstellung der Wellenmechanik das mathematisch recht komplizierte Mehrkörperproblem des Wasserstoffmoleküls angepackt, indem man es mit Hilfe der Methoden der Störungsrechnung behandelte. Bezeichnet man die Koordinaten der beiden Elektronen mit $x_1\,y_1\,z_1$ bzw. $x_2\,y_2\,z_2$, so erhält man als Lösungen der Wellengleichung gewisse Eigenfunktionen $\psi_k(x_1, y_1, z_1, x_2, y_2, z_2, t)$ und dazu Eigenwerte E_k, die alle noch von dem gegenseitigen Abstand a der beiden Kerne abhängig sind. Der jeweils tiefste Eigenwert E_1 gibt die Energie des Grundzustands, also des nichtangeregten Zustands des Moleküls H$_2$ an. (In Wirklichkeit sind alle Zustände durch mehr als eine Quantenzahl gekennzeichnet, aber dies spielt für die hier angestellten grundsätzlichen Erwägungen keine Rolle.) Die Rechnung zeigt nun, daß die Energie außer von den Quantenzahlen noch vom Abstand a der beiden Kerne abhängt. Die uns interessierende Energie des Grundzustands nimmt, wie die Rechnung zeigt, mit abnehmendem Kernabstand ab, was das Vorhandensein einer anziehenden Kraft bedeutet, und erreicht bei $a = 0{,}75 \cdot 10^{-8}$ cm ein Minimum. Das bedeutet, daß beide H-Atome, sobald sie einander nahe genug gekommen sind um in Wechselwirkung zu treten, einander anziehen, bis bei einem Kernabstand von dreiviertel Angströmeinheiten die Anziehung wieder in eine Abstoßung übergeht. Es wird also ein stabiles Gleichgewicht bei einem Kernabstand erreicht, dessen theoretischer Wert nur um ein Prozent kleiner ist als jener, den man vorher schon durch geeignete Experimente ermittelt hatte. Der zugehörige Energiewert gibt dann die Dissoziationsarbeit je Molekül. Hier ist die Übereinstimmung mit den experimentellen Werten weniger gut als hinsichtlich des Kernabstandes, aber die Abweichung ist noch so gering, daß sie keineswegs als ein Versagen der Theorie aufgefaßt werden könnte.

Aus den zugehörigen Eigenfunktionen kann man sich durch Bildung von $\psi\,\psi^*$ die Aufenthaltswahrscheinlichkeit der beiden Elektronen im Raum zwischen und um die beiden Kerne ausrechnen, wobei man findet, daß das ursprünglich mit dem ersten Kern in das Molekül gebrachte Elektron sich im Durchschnitt ebenso oft in der Nähe des zweiten Kernes befindet wie in der des ersten. Die wellenmechanische Behandlung des Problems führt also zwangsläufig in die Richtung eines Elektronenaustausches, wie oben in Anschluß an die BOHR-KOSSELschen Vorstellungen angedeutet wurde. Man hat daher auch jene Kräfte, die sich nach den wellenmechanischen Berechnungen zwischen neutralen Atomen ergeben und mit zeitweiligem Elektronenaustausch verbunden sind, *als Austauschkräfte* bezeichnet. Ihr Auftreten wurde hier an dem einfachsten Beispiel des Wasserstoffmoleküls erläutert; sie spielen aber bei allen homöopolaren Verbindungen und namentlich auch bei der Bildung von Kristallgittern, die keine Ionengitter sind, eine Rolle.

Auch für die im Inneren der Atomkerne selbst herrschenden Kräfte wird man, sobald einmal genaueres darüber bekannt ist, die Wirkung von Austauschkräften in Rechnung ziehen müssen. Für die innernuklearen Vorgänge werden dann die Mesonen als Träger der Austauschkräfte die gleiche Rolle spielen wie die Elektronen im Molekül.

14. Die Nicht-Identifizierbarkeit der Elementarteilchen

Bei den Elementarteilchen mit unbeschränkt langer Lebensdauer wie Protonen und Elektronen wäre die Vorstellung ganz natürlich, daß ein allwissender Geist die Lebensgeschichte eines einzelnen individuellen Teilchens, das ja unsterblich ist, unbeschränkt lange verfolgen könnte, obwohl natürlich irgendein Elektron inzwischen seine Bindung an einen bestimmten Kern verloren haben kann. In jedem Kubikzentimeter irgendeines Gases treten mit Häufigkeiten, die durch vielstellige Zahlen gegeben sind, molekulare und atomare Zusammenstöße auf und nach dem oben Gesagten könnte man sich vorstellen, daß unter anderem folgendes passiert: Zwei aneinanderstoßende Wasserstoffatome bilden zusammen ein H_2-Molekül, das bei hoher Temperatur später wieder dissoziiert. Beim Auseinandergehen nimmt sich nun jeder Kern jenes Elektron mit, das vor dem Eingehen in die Verbindung zum anderen Kern gehörte, so als ob zwei Männer, die miteinander speisten, beim Weggehen ihre Hüte vertauschten. Etwas derartiges könnte auch geschehen, wenn (was allerdings nur extrem selten vorkommen kann) zwei makroskopische Planetensysteme eine so nahe Begegnung erleben, daß ihre Planetenbahnen zeitweise ineinandergreifen, wobei beim Wiederauseinandergehen einer der Planeten im Anziehungsbereich des fremden Zentralkörpers hängen bleibt und von ihm fortgeführt wird. In diesem astronomischen Fall besteht wohl kein Zweifel, daß die Vertauschung für irgendwelche Zuschauer klar erkennbar wäre. Wenn z. B. irdische Beobachter eine solche kosmische Katastrophe überleben, würden sie feststellen können, daß bei der Trennung z. B. der Planet Mars abhanden kam, während ein fremder Planet zurückgelassen wurde.

Aus der Wellenmechanik ergibt sich nun, daß derartige Feststellungen bei atomaren Teilchen nie gemacht werden können. Das liegt nicht allein darin, daß ein Elektron dem andern viel vollkommener gleich ist als ein Ei dem andern, sondern hat seine Ursache auch in einem Grund, der gerade für die Wellenmechanik charakteristisch ist. Bezeichnet man in dem hier immer wieder herangezogenen Beispiel des H_2-Moleküls mit p_1 und p_2 die beiden als Kerne fungierenden Protonen und mit e_1 und e_2 die beiden Elektronen, so wurde schon früher gesagt, daß die beiden Fälle

e_1 nahe bei p_1; e_2 nahe bei p_2
und e_1 nahe bei p_2; e_2 nahe bei p_1

die gleiche Wahrscheinlichkeit besitzen. Darüber hinaus ergibt sich aber aus der Wellenmechanik noch, daß diese beiden Fälle nicht nur gleich wahrscheinlich sind, sondern in der Statistik überhaupt nicht als verschiedene Fälle gezählt werden dürfen.

Für gewisse thermodynamische Probleme muß man nämlich Statistiken darüber anstellen, wieviel verschiedene Atomkonfigurationen einen und denselben Makrozustand realisieren können. Da stellt sich nun heraus, daß man bei diesen Abzählungen zwei Zustände, die sich nur dadurch unterscheiden, daß man zwei individuelle Elektronen miteinander vertauscht hat, nur einmal in Rechnung ziehen darf. Würde man sie als verschiedene Zustände zweimal in die Abzählung aufnehmen, so erhielte man ein falsches Ergebnis.

Mit der Erlangung eines Wellencharakters verliert also das Elektron nun auch seine Individualität; der Begriff der „Dasselbigkeit" hört auf für das Elementarteilchen zu existieren. Eine Aussage wie die „bei der Dissoziation eines Wasserstoffmoleküls hat sich jeder Kern sein eigenes Elektron, das er in die Ehe mitgebracht hatte „wieder mitgenommen" oder „er hat es gegen das andere vertauscht" ist weder richtig noch falsch, sondern verliert nur überhaupt ihren Sinn. Man kann ja auch bei einem System von stehenden Wellen in einem Wasserbecken nicht von irgendeinem einzelnen Wellenzug wie von einem identifizierbaren Individuum sprechen.

15. Die neue Physik

Die auf SCHRÖDINGERS Wellenmechanik fußende neue Entwicklung der Quantentheorie ist mit den Namen DIRAC, HEISENBERG, BORN, PAULI, JORDAN und anderen verknüpft. Eine Darstellung dieses sehr umfangreichen und verwickelten Wissenszweigs fällt nicht mehr in den Rahmen der vorliegenden Arbeit. Es sei nur erwähnt, daß diese Entwicklung von der Quantenelektrodynamik gekrönt und vorläufig zum Abschluß gebracht wurde. Damit besitzt man nun eine Theorie, die in allen Gebieten, auf die man den schwierigen Rechenapparat bisher anzuwenden vermochte, die Vorgänge *außerhalb* der Atomkerne richtig zu beschreiben scheint. Die Fruchtbarkeit der neuen Physik sieht man an den in den vorangegangenen Kapiteln skizzierten neuartigen Erkenntnissen, die sich schon aus der ursprünglichen Fassung der Wellenmechanik ergeben hatten. DIRAC hat dann den ersten entscheidenden Schritt über SCHRÖDINGER hinaus getan, indem er einen wellenmechanischen Formalismus erdachte, der zum Unterschied von der ursprünglichen Wellengleichung (14) LORENTZ-invariant ist, also das Postulat der speziellen Relativitätstheorie erfüllt. Die aus diesem Formalismus hervorgegangene „Löchertheorie" gestattete einerseits die Vorhersage der Existenz neuer Elementarteilchen und führte unter anderem auch zu Einsichten in das Wesen der Leiter und Halbleiter, die praktisch wichtige Ergebnisse zeitigten. Man hat das Positron entdeckt und etwa ein halbes Jahrzehnt später das von YUKAWA aus theoretischen Betrachtungen vorhergesagte Meson, dann kam das Antiproton und andere Antiteilchen wie das Antineutron und das Antineutrino, lauter Dinge, von deren Existenz vor der Aufstellung der Wellenmechanik niemand etwas ahnte. Dazu kam noch eine Reihe praktischer Anwendungen, von denen hier nur erwähnt sein soll, daß die namentlich von SOMMERFELD und anderen auf Grund wellenmechanischer Vorstellungen ausgebaute Theorie der elektrischen Leitfähigkeit sich als Führer zur Entwicklung von Halbleitermaterialien erwiesen hatte, die für diesen oder jenen Zweck besonders geeignet sind. So war z. B. zur

Fernsehübertragung einer Aufnahme der Rückseite des Mondes eine für den Gebrauch auf Satelliten taugliche Energiequelle erforderlich. Sie bestand aus einer Sonnenbatterie, in der ein Material verwendet wurde, bei dessen Entwicklung gerade die auf der Wellenmechanik fußende Theorie der Leitfähigkeit als Führer diente. Dasselbe gilt auch für eine andere Gruppe von Halbleitern, die in den Transistoren verwendet werden. Es ist eine Ironie des Schicksals, wenn SCHRÖDINGER gelegentlich über den gräßlichen Unfug der an öffentlichen Erholungsorten laut plärrenden Rundfunkgeräte seufzen mußte, obwohl gerade die Entwicklung der Transistorempfänger durch die Halbleitertheorie gefördert wurde, die letzten Endes auf seiner Wellenmechanik beruhte. Das ist ein Beispiel mehr für die Tatsache, die ja im Zusammenhang mit OTTO HAHNS epochaler Entdeckung der Kernspaltung besonders kraß in Erscheinung trat, daß nämlich naturwissenschaftliche Erkenntnisse sich früher oder später in irgendeiner Art auf das Leben der menschlichen Gesellschaft auswirken können. Sie sollte als Fingerzeig dafür betrachtet werden, wie notwendig es ist, der Menschheit nicht nur neue Instrumente und Waffen zu liefern, sondern sie auch zu lehren, von den mächtigen Werkzeugen weisen Gebrauch zu machen.

Die Wellenmechanik hat eine Fülle neuer Erkenntnisse gebracht, hat aber gleichzeitig auch gewisse unüberschreitbare Grenzen der Erkenntnis aufgezeigt. Auf eine unbeschränkt in unendlich kleine Raum-Zeitbereiche gehende Beschreibung, wie sie der Mathematiker mit seinen abstrakten Begriffen von Kurven, Flächen usw. geben kann und wie sie nach der klassischen Physik einschließlich spezieller und allgemeiner Relativitätstheorie grundsätzlich auch für die Naturbeschreibung möglich gewesen wäre, muß man in der neueren Physik wegen der körnigwellenhaften Natur von Materie und Strahlung wohl endgültig verzichten. Aus diesem Grunde ist hier SCHRÖDINGER als der eigentliche Revolutionär der Physik bezeichnet worden, womit natürlich in keiner Weise eine Abwertung der anderen großen Pioniere dieser Wissenschaft verbunden sein soll. Mangels Definition des Begriffes einer Revolution ist es natürlich jedermann überlassen, was man als Revolution bezeichnen soll oder nicht. Auch EINSTEIN hat uns gelehrt auf dem Gebiet der Erkenntnislehre und der Geometrie umzudenken. Aber seine Relativitätstheorie steht in rein physikalischer Hinsicht der Gravitationstheorie NEWTONS und der Elektrodynamik MAXWELLS viel näher als der Quantentheorie — deren erste Entwicklungsphase übrigens gerade auch durch einige Jugendarbeiten EINSTEINS starke Impulse erhalten hatte.

Sowohl EINSTEIN wie auch SCHRÖDINGER haben in ihren letzten Lebensjahren, zum Teil in gegenseitigem Gedankenaustausch, zum Teil auf eigenen Wegen, versucht, eine einheitliche Feldtheorie aufzustellen, welche die metrischen Eigenschaften der MINKOWSKI-Welt nicht nur, wie das in der allgemeinen Relativitätstheorie geschah, mit der Gravitation, sondern auch mit der Elektrodynamik verknüpft. In den allerletzten Jahren hat schließlich HEISENBERG eine einheitliche Feldtheorie ohne Bezugnahme auf die Weltmetrik aufgestellt. Bei allen diesen kühnen Versuchen hat das große Dreigestirn EINSTEIN-HEISENBERG-SCHRÖDINGER geringe Gefolgschaft unter den jüngeren Physikern gefunden, weil die Beschäftigung mit den Quantenphänomenen und vor allem mit den Geheimnissen der Kernkräfte das Interesse am stärksten fesselt.

Es ist schwierig, Voraussagen über die künftige Entwicklung der theoretischen Physik zu machen. Aber, soweit sich bisher überblicken läßt, wird das Begriffssystem, das zuerst von SCHRÖDINGER geschaffen und im Zusammenhang mit der Wellenmechanik sodann von anderen weiterentwickelt wurde, auch bei der Theorie der Vorgänge im Kerninneren Verwendung finden. Mit einer Gegenrevolution, die zu einer auch in inneratomaren Bereichen verwendbaren Feldphysik in klassischem Sinne führen könnte, ist kaum zu rechnen.

MIX
Papier aus verantwortungsvollen Quellen
Paper from responsible sources
FSC® C105338

If you have any concerns about our products,
you can contact us on
ProductSafety@springernature.com

In case Publisher is established outside the EU,
the EU authorized representative is:
**Springer Nature Customer Service Center GmbH
Europaplatz 3, 69115 Heidelberg, Germany**

Printed by Libri Plureos GmbH
in Hamburg, Germany